三峡库区香溪河库湾环境监测及生态修复研究

黄应平 罗玉红 席 颖 等 著

科 学 出 版 社

北 京

内 容 简 介

本书以香溪河库湾生态环境综合治理为主线，应用现代监测技术，监测典型支流环境现状，调查消落带、沉积物、水体、植物群落各污染物的分布，讨论氮、磷、重金属、多环芳烃等典型污染物的时空变化特征，分析其污染来源及内源污染的汇聚再释放机理；评估了香溪河库湾的生态风险；通过调查植物群落富集重金属特征和室内试验，探讨重金属植物修复技术的可行性；探索库湾内源/面源污染生态防护带构建关键技术，建成高效富磷水生植物控磷区、底泥固化/稳定化技术示范区及内源磷释放生物调控技术示范区，形成由水体至沉积物的立体控制体系，构建库区典型支流流域水污染综合防治技术集成方案等。本书为流域水环境综合整治与生态修复提供技术支撑和案例借鉴。

本书可供从事三峡库区生态环境相关工作的科研人员、管理者和高校相关专业的师生阅读和参考。

图书在版编目（CIP）数据

三峡库区香溪河库湾环境监测及生态修复研究 / 黄应平等著. —北京：科学出版社，2024.3

ISBN 978-7-03-078151-2

Ⅰ. ①三… Ⅱ. ①黄… Ⅲ. ①三峡水利工程－生态环境－环境监测－研究 ②三峡水利工程－生态环境－生态恢复－研究 Ⅳ. ①X321.2

中国国家版本馆 CIP 数据核字（2024）第 042461 号

责任编辑：郑述方 李小锐 / 责任校对：彭 映
责任印制：罗 科 / 封面设计：墨创文化

科 学 出 版 社 出版

北京东黄城根北街 16 号
邮政编码：100717
http://www.sciencep.com

成都锦瑞印刷有限责任公司印刷
科学出版社发行 各地新华书店经销

*

2024 年 3 月第 一 版 开本：787×1092 1/16
2024 年 3 月第一次印刷 印张：9 1/4
字数：219 000

定价：98.00 元
（如有印装质量问题，我社负责调换）

前　言

三峡工程建设完工后形成了世界上最大的人工水库——三峡水库，三峡库区采取汛期排水、枯水期蓄水的反季节调度模式，库区水位在汛期（6～9月）降至145 m，汛期过后，水位升至175 m。整个枯水期，即每年的11月至次年的2月，水库维持高水位运行，在库岸带形成三个区域，即长期处于淹没状态的沉积物区域、处于干湿交替的消落区以及消落带上缘区域。其中，消落区土壤在落干期接纳来自上缘及大气中的污染物，充当"汇"的角色，在淹水期以"源"的角色向水体释放污染物，三峡库区水位消涨对环境污染物的分布特征及环境行为产生了重要影响。香溪河是距离三峡大坝最近的一条一级支流，受库区水位调节影响，在河流两岸形成了落差最大、坡度最陡的消落带区域。三峡水库蓄水后，香溪河下游河段水位随之升高，水流减缓，泥沙淤积，水环境由典型的河流水体转变为类似湖泊的缓流水体（称为库湾）。周期性淹没-出露形成的消落区，成为干湿交替的水陆衔接地带，具有敏感而脆弱的生态系统。在反复淹水-落干的过程中，这一特殊地带的土壤性质、生物群落发生了巨大的改变。从库岸带上缘、空气降尘、淋雨带来的污染物汇集在消落带，淹水期可能释放到水体中，上游水体挟带的各种物质也可能改变土壤的性质，在落干时影响生活于其中的生物群落，进一步扩大污染范围。库岸带这三个区域与波动水体形成一个有机整体，在污染物的迁移转化过程中相互影响。区域之间的生态环境互相影响，主要体现在以下4个方面：①生物多样性变化；②加大土壤侵蚀；③加重环境污染；④使库岸景观遭到破坏。

本书以三峡库区库首支流香溪河为例，采集了大量数据，在不同季节对香溪河库湾消落带、消落带上缘、沉积物、水体的氮磷营养元素、重金属、多环芳烃以及土壤理化性质等进行持续跟踪监测，分析氮、磷、重金属、多环芳烃的赋存形态和时空分布特征，为三峡库区沉积物和库岸带土壤污染的防治提供动态数据；结合土壤理化特征的变化，探究各污染物与土壤理化性质之间的内在联系，评估水位消涨对各区域污染物分布的影响，为库区生态水位调度提供理论支持；在监测结果的基础上，基于校内削减实验、库湾原位实验，建立了内源磷控制示范工程，为三峡水库支流内源磷污染治理提供新途径，为三峡库区水污染的治理提供技术支撑。

全书内容共7章，第1章重点介绍香溪河流域自然特征、生态环境概况、流域面源/内源污染生态修复方法现状、主要研究内容和技术路线；第2章重点介绍香溪河库湾区域环境监测方法；第3～5章重点分析各个区域典型污染物的时空分布特征和库区污染物的来源，评估污染物的环境风险；第6章重点探究污染物修复技术内源磷释放控制技术和三峡库区内源磷控制集成示范工程的建立及评价方法；第7章重点研究香溪河消落带植被多样性调查及对重金属富集特征。

本书主要内容是国家水体污染控制与治理科技重大专项"湖泊富营养化控制与治理

技术及综合示范"主题"三峡水库水污染防治与水华控制技术及工程示范"子题"库区小流域磷污染综合治理及水华控制研究及示范"（2012ZX07104-002-04）的研究成果。本书得到国家自然科学基金重点项目"自然水体的水力空化自净作用新途径与规律研究"（22136003）、国家自然科学基金面上项目"消落带植被浸出 DOM 介导的土壤 Cd 溶出与迁移"（42177397）、国家自然科学基金面上项目"避免有毒中间产物产生的草甘膦光催化降解策略与机理研究"（21972073），以及国家自然科学基金青年项目"三峡库区非典型干湿交替对消落带土壤 PAHs 迁移的驱动机制"（42107441）的联合资助，本书的出版也得到了三峡大学学科建设经费的资助。在此一并感谢！

　　本书由黄应平、罗玉红、席颖、胥焘和袁喜联合编写，黄应平主要负责全书结构和内容的总体规划和设计，并编写第 1 章，罗玉红和席颖负责第 2 章的编写，罗玉红负责第 3、4、7 章的编写，席颖负责第 5 章的编写，胥焘和袁喜负责第 6 章的编写。全书由罗玉红和席颖负责统稿校核，及其补充和修订，熊彪参与校稿。感谢甘龙、王林泉、李道奎和黎明等研究生为本书提供的数据收集和整理。

　　由于时间和水平有限，疏漏之处在所难免，敬请读者不吝指正。

目　　录

第1章　绪论 ··· 1
　1.1　香溪河流域自然特征 ··· 1
　　1.1.1　自然地理特征 ·· 1
　　1.1.2　水文特征 ·· 2
　　1.1.3　气候特征 ·· 2
　　1.1.4　土壤特征 ·· 2
　　1.1.5　植被特征 ·· 3
　1.2　三峡库区及香溪河流域生态环境概况 ·· 3
　　1.2.1　水电开发带来的生态环境问题 ··· 3
　　1.2.2　三峡库区土壤氮、磷及重金属污染状况 ····································· 4
　　1.2.3　三峡库区消落带植物群落主要研究成果现状 ······························ 5
　　1.2.4　三峡库区多环芳烃污染现状 ·· 7
　1.3　流域面源/内源污染生态修复方法现状 ·· 8
　1.4　主要研究内容 ··· 9
　1.5　技术路线 ··· 10
　参考文献 ··· 10
第2章　香溪河库湾区域环境监测方法 ··· 15
　2.1　监测样点的设定 ··· 15
　　2.1.1　氮、磷及重金属监测样点设定 ··· 15
　　2.1.2　多环芳烃监测样点设定 ··· 17
　2.2　监测指标及监测方法 ··· 20
　　2.2.1　土壤及水体理化性质的测定 ··· 20
　　2.2.2　重金属的监测 ·· 21
　　2.2.3　磷形态的分析测定 ·· 21
　　2.2.4　重金属形态的测定 ·· 21
　　2.2.5　多环芳烃的测定 ··· 23
　参考文献 ··· 27
第3章　香溪河库湾区域氮、磷污染时空分布特征 ····································· 28
　3.1　香溪河库湾上覆水和间隙水氮、磷营养盐的时空分布特征 ··············· 28
　　3.1.1　香溪河库湾上覆水和间隙水 pH 的时空分布特征 ······················ 28
　　3.1.2　香溪河库湾上覆水和间隙水总氮的时空分布特征 ······················ 29
　　3.1.3　香溪河库湾上覆水和间隙水总磷的时空分布特征 ······················ 30

3.2　香溪河库湾沉积物氮、磷营养盐的时空分布特征 ··················31
　　3.2.1　香溪河沉积物 pH 的时空分布特征 ··················31
　　3.2.2　香溪河沉积物氮、磷的时空分布特征 ··················32
3.3　香溪河消落带土壤氮、磷营养盐的时空分布特征 ··················33
　　3.3.1　香溪河消落带土壤 pH 的时空分布特征 ··················33
　　3.3.2　香溪河消落带土壤总氮的时空分布特征 ··················34
　　3.3.3　香溪河消落带土壤速效氮的时空分布特征 ··················35
　　3.3.4　香溪河消落带土壤总磷的时空分布特征 ··················37
3.4　香溪河消落带上缘土壤氮、磷的时空分布 ··················38
　　3.4.1　香溪河消落带上缘土壤 pH 的时空分布特征 ··················38
　　3.4.2　香溪河消落带上缘土壤总氮的时空分布特征 ··················38
　　3.4.3　香溪河消落带上缘土壤速效氮的时空分布特征 ··················40
　　3.4.4　香溪河消落带上缘土壤总磷的时空分布特征 ··················41
3.5　香溪河库湾沉积物与全国库湾沉积物的氮、磷污染对比 ··················42
3.6　香溪河沉积物中磷释放的环境风险 ··················42
3.7　本章小结 ··················43
　　参考文献 ··················44
第 4 章　香溪河库湾区域重金属时空分布特征 ··················46
4.1　香溪河库岸带土壤重金属及赋存形态分布特征与相关性研究 ··················46
　　4.1.1　香溪河库岸带样品采集 ··················46
　　4.1.2　香溪河库岸带土壤粒径分布 ··················47
　　4.1.3　香溪河库岸带土壤重金属时空分布特征 ··················48
　　4.1.4　香溪河库岸带土壤重金属赋存形态分布特征 ··················51
　　4.1.5　香溪河库岸带土壤重金属与理化性质的相关性分析 ··················56
4.2　香溪河沉积物重金属及赋存形态分布特征及相关性研究 ··················57
　　4.2.1　香溪河沉积物样品采集 ··················57
　　4.2.2　香溪河沉积物粒径分布特征 ··················58
　　4.2.3　香溪河沉积物重金属时空分布特征 ··················59
　　4.2.4　香溪河沉积物重金属赋存形态分布特征 ··················61
　　4.2.5　香溪河沉积物重金属与理化性质的相关性研究 ··················62
4.3　香溪河库湾重金属污染生态风险评价 ··················63
　　4.3.1　土壤重金属风险评价的模型 ··················63
　　4.3.2　消落带土壤重金属生态风险评价 ··················65
　　4.3.3　沉积物重金属生态风险评价 ··················67
4.4　本章小结 ··················70
　　参考文献 ··················71
第 5 章　香溪河库湾区域多环芳烃时空分布特征 ··················75
5.1　多环芳烃在香溪河库岸带土壤中的分布特征及其相关性研究 ··················75

　　　5.1.1　香溪河库岸带土壤多环芳烃污染特征 ┄┄┄┄┄┄┄┄┄┄┄┄┄76
　　　5.1.2　沉积物、消落带及其上缘土壤多环芳烃对比研究 ┄┄┄┄┄┄┄79
　　　5.1.3　香溪河库岸带土壤多环芳烃和理化性质之间相关性研究 ┄┄┄80
　　5.2　多环芳烃在水-沉积物界面的污染特征及扩散行为研究 ┄┄┄┄┄┄82
　　　5.2.1　香溪河库湾表层水体多环芳烃分布规律 ┄┄┄┄┄┄┄┄┄┄┄82
　　　5.2.2　香溪河库湾表层水体多环芳烃与环境因子的耦合关系 ┄┄┄┄83
　　　5.2.3　香溪河库湾水-沉积物界面多环芳烃扩散行为研究 ┄┄┄┄┄┄84
　　5.3　香溪河库湾不同海拔消落带土壤多环芳烃的分布特征
　　　　　及其对水位消涨的响应 ┄┄┄┄┄┄┄┄┄┄┄┄┄┄┄┄┄┄┄┄88
　　　5.3.1　香溪河库湾各海拔消落带土壤多环芳烃分布特征 ┄┄┄┄┄┄88
　　　5.3.2　不同海拔消落带土壤多环芳烃对水位消涨的响应 ┄┄┄┄┄┄90
　　5.4　香溪河库湾多环芳烃溯源分析及风险评价 ┄┄┄┄┄┄┄┄┄┄┄┄94
　　　5.4.1　香溪河库湾多环芳烃溯源分析 ┄┄┄┄┄┄┄┄┄┄┄┄┄┄┄94
　　　5.4.2　香溪河库湾多环芳烃的风险评价 ┄┄┄┄┄┄┄┄┄┄┄┄┄104
　　5.5　本章小结 ┄┄┄┄┄┄┄┄┄┄┄┄┄┄┄┄┄┄┄┄┄┄┄┄┄┄┄110
　　参考文献 ┄┄┄┄┄┄┄┄┄┄┄┄┄┄┄┄┄┄┄┄┄┄┄┄┄┄┄┄┄111
第6章　香溪河库湾内源磷释放控制技术研究、集成示范及评价方法 ┄┄┄114
　　6.1　典型植物对土壤氮、磷的吸收能力比较研究 ┄┄┄┄┄┄┄┄┄┄┄115
　　　6.1.1　材料与方法 ┄┄┄┄┄┄┄┄┄┄┄┄┄┄┄┄┄┄┄┄┄┄┄116
　　　6.1.2　结果与分析 ┄┄┄┄┄┄┄┄┄┄┄┄┄┄┄┄┄┄┄┄┄┄┄117
　　6.2　示范工程植物搭配 ┄┄┄┄┄┄┄┄┄┄┄┄┄┄┄┄┄┄┄┄┄┄120
　　　6.2.1　植物的筛选原则 ┄┄┄┄┄┄┄┄┄┄┄┄┄┄┄┄┄┄┄┄┄120
　　　6.2.2　植物搭配设计 ┄┄┄┄┄┄┄┄┄┄┄┄┄┄┄┄┄┄┄┄┄┄120
　　6.3　示范工程设计 ┄┄┄┄┄┄┄┄┄┄┄┄┄┄┄┄┄┄┄┄┄┄┄┄122
　　　6.3.1　整体设计原则 ┄┄┄┄┄┄┄┄┄┄┄┄┄┄┄┄┄┄┄┄┄┄122
　　　6.3.2　工程选址原则 ┄┄┄┄┄┄┄┄┄┄┄┄┄┄┄┄┄┄┄┄┄┄122
　　　6.3.3　工程实体设计 ┄┄┄┄┄┄┄┄┄┄┄┄┄┄┄┄┄┄┄┄┄┄123
　　6.4　示范区建设 ┄┄┄┄┄┄┄┄┄┄┄┄┄┄┄┄┄┄┄┄┄┄┄┄┄124
　　6.5　评价方法 ┄┄┄┄┄┄┄┄┄┄┄┄┄┄┄┄┄┄┄┄┄┄┄┄┄┄126
　　　6.5.1　监测方案 ┄┄┄┄┄┄┄┄┄┄┄┄┄┄┄┄┄┄┄┄┄┄┄┄126
　　　6.5.2　评价指标 ┄┄┄┄┄┄┄┄┄┄┄┄┄┄┄┄┄┄┄┄┄┄┄┄126
　　　6.5.3　评价结果 ┄┄┄┄┄┄┄┄┄┄┄┄┄┄┄┄┄┄┄┄┄┄┄┄127
　　6.6　本章小结 ┄┄┄┄┄┄┄┄┄┄┄┄┄┄┄┄┄┄┄┄┄┄┄┄┄┄127
　　参考文献 ┄┄┄┄┄┄┄┄┄┄┄┄┄┄┄┄┄┄┄┄┄┄┄┄┄┄┄┄┄127
第7章　香溪河消落带植被多样性调查及对重金属的富集特征 ┄┄┄┄┄┄129
　　7.1　采样设计与实验方法 ┄┄┄┄┄┄┄┄┄┄┄┄┄┄┄┄┄┄┄┄┄130
　　　7.1.1　植被调查 ┄┄┄┄┄┄┄┄┄┄┄┄┄┄┄┄┄┄┄┄┄┄┄┄130
　　　7.1.2　植物富集重金属特征调查 ┄┄┄┄┄┄┄┄┄┄┄┄┄┄┄┄130

7.2 结果与分析 ··· 131

　　7.2.1 植物种类组成 ··· 131

　　7.2.2 植物生活型特征 ··· 132

　　7.2.3 物种重要度 ··· 133

　　7.2.4 植物多样性 ··· 134

　　7.2.5 植物对重金属的富集特征 ··· 135

7.3 本章小结 ··· 137

参考文献 ·· 137

第1章 绪　论

1.1　香溪河流域自然特征

1.1.1　自然地理特征

香溪河是三峡库区湖北段第一大支流，也是库首比较大的支流[1]。香溪河地处湖北省西部，从神农架林区起源，有东、西两个源头，东源于神农架林区骡马店（东河），西源于神农架山南（西河），由北向南流经兴山县全境，东西两河在兴山县昭君镇的响滩合流形成香溪河，与高岚河、九冲河和古夫河等支流汇合，在秭归县香溪镇东汇入长江。香溪河全长 94 km，流域总面积为 3099 km^2，河口距三峡大坝 34.5 km。香溪河干流受蓄水影响河段长 35.92 km，形成的消落带平均宽度为 0.21 km，整个消落带面积为 7.40 km^2，占三峡库区消落带总面积的 2.11%。香溪河流域内地貌多为山地，两岸多为陡坡峡谷，消落带区域坡度普遍大于 25°，是典型的陡坡消落带。土壤主要类型为黄棕壤和石灰土，占流域总面积的 79.10%（图 1.1）。

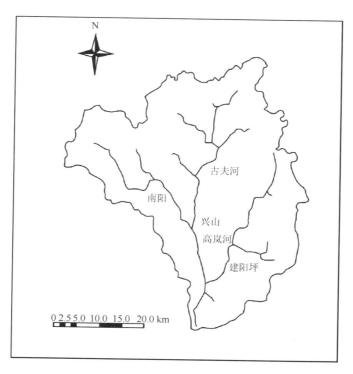

图 1.1　香溪河流域图

·2·

香溪河流域海拔在 1200~2000 m，沿河两岸多为陡峭的峡谷，整体表现为峡谷型河流，流域内库岸坡度小于 15° 的只占 18.3%，大于 25° 的达 51.2%，消落区整体属于陡峭型地形，更容易受到水体冲刷和侵蚀[2]。自 2006 年三峡大坝全线建成后，受人为水位调控的影响，三峡库区 145~175 m 高程带已经历了多次完整的干湿交替过程。香溪河流域水位与三峡库区水位保持一致，也呈现周期性消涨的特点，三峡水库水位在汛期（6~9月）降至 145 m，汛期过后，从 10 月开始水位升至 175 m。整个枯水期，即每年的 11 月至次年的 2 月，水库维持高水位运行。

1.1.2　水文特征

香溪河流域降水一般集中在 4~9 月，每年的 7 月降水量最大，1 月降水量最小，年降水量在 900~1200 mm，年平均降水量约为 1060.69 mm[3]。香溪河上游降水量往往大于中下游，高山区的降水量大于山河谷地区。

三峡大坝蓄水后对香溪河流域水文特征产生了较大的影响[4]，其水文特征由原来的河道型逐渐向湖泊水库型转变。2003 年三峡库区蓄水前，香溪河流域年际降水量差异性并不显著，而在蓄水后的 2004~2005 年，香溪河流域降水量较蓄水前显著减小。香溪河最大洪水流量为 2890 m^3·s^{-1}（1935 年），多年平均流量为 40.18 m^3·s^{-1}，枯水最小流量为 14 m^3·s^{-1}。三峡库区蓄水后，水流流速减缓，泥沙淤积，香溪河最大含沙量为 5.74 kg·m^{-3}，丰水期、平水期、枯水期含沙量分别为 3.03 kg·m^{-3}、1.47 kg·m^{-3} 和 0.58 kg·m^{-3}，多年平均输沙量为 41.3 万 t。

2017 年 6 月到 2018 年 6 月监测时间段内，香溪河流域平均降水量为 1294.3 mm，远高于其平均值，降雨集中在 2017 年 6~10 月，雨季较以往略有推迟，雨量较前几年相对较多。

1.1.3　气候特征

香溪河流域属亚热带季风湿润气候，春季冷暖多变，夏季雨量集中，常有暴雨和伏旱，秋季多阴雨，冬季多雨雪。香溪河流域年际平均气温为 17.24℃，高温主要集中在 5~9 月，平均温度在 25℃；而低温主要集中在 12 月到次年 2 月，平均气温在 7℃。流域年均相对湿度在 71.95% 左右，整体相对湿度较高，相对湿度的高低与年降水量存在一定相关性[5]。

2017 年 6 月到 2018 年 6 月，香溪河流域高温天气主要集中 7、8 月，平均气温为 26.3℃，低温天气主要集中在 12 月到次年 2 月，平均气温为 4.2℃；年均相对湿度约为 73%，其中夏季的平均相对湿度为 76.6%，冬季平均相对湿度为 70.3%。较香溪河往年的气候特征表现为高温更高，相对湿度更大，这个结果与钟海玲[6]的研究结论一致，三峡库区蓄水后气温和相对湿度较蓄水前显著增大。

1.1.4　土壤特征

香溪河流域内土壤类型繁多，共分为 6 个土类，即黄壤、棕壤、石灰土、紫色土、水稻土和潮土。其中，黄棕壤和石灰土面积所占比例最大，占土地总面积的 79.1%，是流域内耕地的主要土壤类型。

1.1.5　植被特征

三峡库区植被类型丰富，植被覆盖率为 22.3%[7]，由于环境条件差异大，因此其森林种类以及层片结构迥异。香溪河流域的森林群落类型丰富多样，包括常绿阔叶林，常绿阔叶、落叶混交林，阔叶落叶林，针阔叶、针叶混交林等，受三峡水利工程影响，生态系统受到较大影响，共有植物 23 科 46 属 49 种，丰富度在 1300 m 以下表现为灌木层较高，海拔在 1300 m 以上表现为乔木层较高，多样性表现为在 700 m 以下乔木层较高，700～1400 m 草本层较高[8]。香溪河流域消落带区域分布最为广泛的四种优势植物为苍草、狗牙根、苍耳和狗尾草，戴泽龙等针对香溪河流域的优势物种狗牙根对重金属镉的修复作用进行了研究，发现狗牙根对土壤重金属镉有较好的富集作用，可以用来对库区重金属污染地区进行植物修复[9]。因此，筛选出三峡库区优势物种，利用植物修复技术来进行生态修复，可以为库区污染物的治理提供新思路。

1.2　三峡库区及香溪河流域生态环境概况

1.2.1　水电开发带来的生态环境问题

水电开发在为人们带来各种利益的同时，导致的生态环境问题也日益突出：一是库区水环境发生变化，如猫跳河水库的修建增加了水体中富营养化因子[10]；二是鱼类等水生生物受到影响，如哥伦比亚河和斯内克河中的幼萨门鱼，由于大坝泄水引起水体中氮气过量而导致死亡[11]。同时，在河流中进行分级开发将影响区域地表水的资源量，例如，岷江在水电站修建之后，河流的多年平均流量受到影响，曾出现断流的现象[12]；曹娥江在修建水利工程后，年平均流量与之前相比略有减少，径流分配呈现均化趋势[13]。三峡工程作为现今规模最大的水利工程，其对库区生态环境的影响受到人们的广泛关注，目前主要关注点如下。

1. 水体污染

夏落冬涨的蓄水方式使三峡库区内被淹没的土地周期性地出露于水面，形成干湿交替的水陆过渡地带——消落带[14,15]。三峡水库的消落带中有许多包括重金属在内的污染物，在一定的外部环境下会释放至水体中[16]。并且，因为消落带本身的特点，在通过季节性的淹水-落干后，土壤中的营养元素（N、P）更容易释放至水体中，成为水体中营养盐增加的潜在因子[17]。

2. 水生生态环境

三峡工程的建设分隔了原先完整的水生生态系统[18]。三峡水库蓄水后，库区水体由河流型转变为湖泊型，使得适应缓流环境的生物有更好的生存环境，而对适应急流环境的生物较为不利，对库区内水生生态系统的多样性产生影响。

3. 水土流失

三峡库区作为我国水土流失较为严重的区域，微度侵蚀或轻度侵蚀的区域面积超过 68%，具有较强的潜在威胁[19-21]。根据全国水土流失动态监测成果，2018 年三峡库区涉及的湖北、重庆两省（市）的 26 个县共计 5.77 万 km² 的土地面积中水土流失面积有 1.92 万 km²，占比为 33.28%。水土流失、泥沙淤积已严重影响三峡库区的水生态安全[22]，三峡库区两岸地质条件较为脆弱，易发生各种地质灾害[23]。土壤的直接入库对三峡工程的功能产生了巨大影响，三峡库区已被列为全国水土保持重点防治区[24-28]。

4. 消落带生态环境

三峡库区水位的消涨使库岸带形成三个区域，即长期处于淹没状态的沉积物区域、处于干湿交替的消落区以及消落带上缘区域。库岸带这三个区域与波动水体形成一个有机整体，在污染物的迁移转化过程中相互影响。消落带土壤在落干期接纳来自上缘及大气中的污染物，充当"汇"的角色，在淹水期以"源"的角色向水体释放污染物，三峡库区水位消涨对于环境污染物的分布特征及环境行为产生了重要影响。在反复淹水-落干的过程中，这一特殊地带的土壤性质、生物群落发生了巨大的改变。从上缘、空气降尘、淋雨带来的污染物汇集在消落带，淹水期可能释放到水体中，上游水体挟带的各种物质也可能改变土壤的性质，在落干时影响生活在其中的生物群落，进一步扩大污染范围。

1.2.2 三峡库区土壤氮、磷及重金属污染状况

三峡库区蓄水之后，库区内多次爆发水华，使得水体富营养化问题越发受到学者的关注，面源污染在水体污染中占很大的比例[29, 30]。对于氮磷在消落带土壤中的变化问题，众多国内外学者展开了研究，郑志伟等在消落带土壤理化性质的研究中，发现土壤中总磷（total phosphorus，TP）和总氮（total nitrogen，TN）在 7 月升高，9 月下降[31]。程瑞梅等和沈雅飞等在对经历多次淹水-落干后消落带土壤中氮磷含量变化的研究中，发现不同土层中的氮磷及有机质等含量发生了不同程度的下降[32, 33]。

大多数重金属具有较强的毒性，在遭受到重金属毒害后，植物体内容易产生某些有害的物质，这些物质往往会影响植物体内的酶和代谢，给植物带来严重的伤害。重金属也极易经过食物链富集到人体中，对人体造成不可逆的损害，从而影响人类的健康。排放到环境中的重金属在外部因素的影响下进入水体，对水体造成污染，且极易吸附到水体沉积物中，随着水文条件的变化，再次释放至水体中，从而破坏水生生物的生存环境。

土壤中重金属污染源分为自然因素与人为因素。在自然情况下，成土过程、地震和火山喷发是土壤中重金属的贡献因子；人为因素包括矿山开采、金属加工以及农药化肥的过量使用等[34-38]。当蓄水水位达到 135 m 后，水体中重金属含量与之前相比差异并不显著[39]。三峡大坝上游长江干流和香溪河库湾中重金属的含量在蓄水水位达到 156 m 后

显著升高[40]。水体中重金属含量升高一个很重要的原因是水上运输的增多，大量的废水废气被排至水体中[41]。

近年来，许多学者针对三峡库区中各条河流的土壤重金属开展了大量研究，具体情况见表 1.1，可以发现，三峡水库蓄水后消落带土壤与沉积物中 Cd 的含量均高于背景值，且部分支流 Cd 含量远超背景值，其余三种重金属均表现一定程度的污染。

表 1.1　三峡库区其他河流沉积物与消落带重金属含量　　（单位：mg·kg⁻¹）

区域	Pb	Cd	Cu	Cr	参考文献
三峡库区沉积物	61.90	0.91	80.90	92.30	[38]
汝溪河沉积物	11.04	0.25	12.49	45.24	[39]
澎溪河沉积物	63.60	0.74	22.20	23.70	[40]
长江上游沉积物	35.41	0.76	42.96	78.77	[41]
忠县沉积物	53.66	0.49	78.58	87.21	[29]
三峡库区消落带	26.60	0.49	32.30	73.00	[38]
小江消落带	35.57	0.39	28.68	52.20	[30]
云阳消落带	15.04	0.46	59.13	69.71	[31]
巴东消落带	29.49	0.26	29.26	45.71	[32]
巫山消落带	35.29	0.58	30.26	37.86	[32]
沉积物背景值	21.4	0.148	21.5	52.3	[33]
库岸土壤背景值	23.9	0.134	25.0	78.0	[42]

注：表中数值为平均值。

香溪河流域主要的环境问题包括磷、重金属污染。香溪河是富磷区域，农药与化肥的过度使用加重了水体的营养化，在特定的季节将导致水华的爆发。相关调查显示，香溪河流域的农业生产中化肥使用率只有 30%～40%，约 80%的农药直接进入环境中[42]。流失的化肥与农药通过一系列地表循环进入水体，影响水质，并富集在沉积物中。据报道，香溪河流域的磷矿储量达到 3.57 亿 t[43]，磷工业在一定程度上影响着沉积物中 Cd 的含量[44]。有研究发现，香溪河流域水体中 Pb、Cd、Cu、Cr 含量未能达到《地表水环境质量标准》（GB 3838—2000）中 I 类指标[45]，香溪河消落带土壤中 Cd 为中—强污染，香溪河库湾沉积物重金属含量基本都高于背景值，中下游区域重金属含量较高，潜在风险达到中等级别[46]。

1.2.3　三峡库区消落带植物群落主要研究成果现状

近年来，国内外研究者重点关注了消落带植物群落的演替、分布特征以及恢复重建等问题[47]，如：①河岸带生态恢复与岸边植被的恢复与重建；②消落带对其植被多样性的影响；③消落带植被群落的构成、物种多样性、分布格局及其影响因素[48,49]。谭淑端等研究发现，三峡库区有 120 科 358 属 550 种植物被直接淹没，其中包括三峡库区的特有群落：巫溪叶底珠和荷叶铁线蕨[50]。王强等调查三峡库区消落带共有植物 58 科 175 种，优势种为一年生草本植物[51]。王业春等通过对重庆忠县消落带内海拔 160～170 m 区域进行调查，也发现消落带区域一年生草本所占比例远高于多年生草本，随着消落带高度变化，群落优势物种存在一定差异[52]。付娟等调查香溪河消落带 145～175 m 内优势科以禾本科为主，菊科次之，植物群落物种多样性指数沿水位梯度带差异显著[53]。

前期，我国把消落带植被研究作为湿地植被研究的一部分，研究内容主要为：①湿地植物的生活型；②植被的分类、形成和演替；③典型湿地生态系统的结构与功能；④湿地资源的利用和保护等方面[54,55]。20 世纪 90 年代后，我国开始大型水库消落带的研究工作，主要内容包括三个方面：①大型水库（新安江、新丰江、富水等）消落带植被恢复或重建的物种筛选及其繁育种植技术[56]；②大型水库（丹江口、小浪底、皂市等）消落带资源利用[57]；③消落带坡岸生态工程治理[58-60]。

香溪河流域植被是典型农林复合型模式，农作物品种和自然植被种类丰富，植被随海拔上升呈带状分布。由于三峡水库水位、气候及库区土壤特性等因素的影响，香溪河消落带的植被恢复相当困难。消落带植被修复尚处于摸索阶段，研究成熟的技术相对较少。

三峡水库在蓄水水位到达 175 m 后，消落带中原先的陆地植物群落大量减少，并出现新的植物群落[61]。研究表明，建库后，三峡库区内维管植物比建库前减少了 43%，木本植物减少了 64%[62]，仅有少量的乔灌木成体存活，新增 145 种植物，其中大部分为非群落优势种[63]。由于生存环境的改变，库区内植被的优势生活型也从多年生草本植物向一年生草本植物转变，区域内的优势植物群落随之改变。

香溪河流域在横向与纵向上有较大的跨度，流域内有大量的植物物种，植被群落的分布在垂直方向上具备显著的差异性。通过物种多样性调查，在了解植物与植物之间、植物与环境之间复杂关系的基础上，可进一步了解该区域内物种资源的丰富度[64-66]，为了能更好地认识群落的组成、变化与发展趋势[67,68]，通常使用物种多样性指标来对植物群落进行分析。物种重要度可作为评价群落中某物种地位的综合指标，由 Curtis 最早提出，通常的计算方法是取植物的相对密度、相对频度和相对优势度的总和，可以反映其在群落的结构组成、群落动态及物种在群落中所起到的作用[69-71]。

植物修复技术是当前研究最多的重金属修复技术[72]，是指通过植物从土壤中富集一种或多种重金属，随后收集植株进行集中处理，从而降低重金属在土壤中的含量[73]。该方法成本较低、便于操作、对土壤扰动小，无二次污染[74]。该方法的关键是要筛选出富集系数高的植物，目前国内发现了部分植物对重金属具有良好的富集能力，其中，鸭跖草和海州香薷对 Cu 有显著的富集作用[75,76]，蜈蚣草与大叶井口边草是 As 的超富集植物[77,78]，Cd、Zn 的超富集植物是东南景天、龙葵[79-81]，Cr 的超富集植物是李氏禾[82]。香溪河流域在经过多次淹水后，植被特征发生变化，通过植被调查，了解实时优势植物物种，可为当地选择适生的植物进行重金属富集研究与相应的示范工程设计提供理论依据。

1.2.4　三峡库区多环芳烃污染现状

自三峡大坝建成后，三峡库区生态环境的变化一直是国内外专家学者的研究热点，关于三峡库区生态环境的研究较多，主要集中在库区地质[82, 83]、植被群落[84]、环境污染物[85]等方面。环境污染物的研究主要集中在氮磷、重金属、有机氯农药等方面[86, 87]。由于我国多环芳烃（polycyclic aromatic hydrocarbons，PAHs）污染研究起步较晚，三峡库区有机污染物未能引起人们足够的重视，因此关于三峡库区 PAHs 的研究相对较少。

前人对于三峡库区 PAHs 的研究主要集中于水体和沉积物方面，对消落带土壤 PAHs 的研究相对较少。三峡库区各区域 PAHs 的分布特征如表 1.2 所示。邹家素等[88]研究三峡库区重庆段沉积物 PAHs 污染水平，发现沉积物 PAHs 含量范围为 68.6～4226 ng·g^{-1}，均值为 685 ng·g^{-1}，沉积物中 PAHs 主要来源于木柴、煤等燃料的高温燃烧，使库区环境存在潜在生态风险。林莉等[89]研究三峡库区干流和支流水体和底泥中16 种 PAHs 在泄水期和蓄水期的污染特征，发现三峡库区水体 PAHs 含量范围为 3.9～107.6 ng·L^{-1}，均值为 39.9 ng·L^{-1}；底泥中 PAHs 含量范围为 267.9～1018.1 ng·g^{-1}，均值为 490.9 ng·g^{-1}；泄水期水体 PAHs 大于蓄水期，而蓄水期沉积物 PAHs 大于泄水期。王丹[90]对长江上游宜宾至泸州段沉积物和水体中 16 种 PAHs 的分布特征进行研究，发现沉积物 PAHs 含量范围为 5071～9324 ng·g^{-1}，平均值为 7000 ng·g^{-1}，主要来自高温条件下原油燃料的燃烧及交通排放。水体 PAHs 含量范围为 64～1150 ng·L^{-1} 时，未超出我国集中式生活饮用水地表水规定的标准限值，主要来源为石油源、燃烧源以及交通污染源，对人体健康不构成风险。Lin 等[91]对三峡库区干流表层水体和表层沉积物中 PAHs 的污染特征进行分析，结果表明，表层水体 PAHs 的含量范围为 8.7～101.7 ng·L^{-1}，均值为 36.4 ng·L^{-1}，主要来源于石油、煤炭和生物质的燃烧；沉积物中 PAHs 的浓度为 202.0～2291.3 ng·g^{-1}，均值为 990.3 ng·g^{-1}，主要来源于煤、生物质燃烧，石油泄漏和石油燃烧。三峡库区消落带土壤 PAHs 含量的范围为 18.4～392.29 ng·g^{-1}，且有随时间增长的趋势[92]。Tang 等[93]对三峡库区在最高蓄水高度 175 m 时水体 PAHs 的污染状况和生物效应进行研究发现，三峡库区水体的 PAHs 量变化范围为 23～1630 ng·L^{-1}，从空间分布来看，PAHs 含量从上游到下游逐渐减小。郭志顺[94]分别对三峡库区重庆段枯水期和丰水期水体 PAHs 污染特征进行分析，发现枯水期水体 PAHs 量大多在 700 ng·L^{-1} 以下，主要集中在 10～100 ng·L^{-1}，丰水期水体 PAHs 量大多在 300 ng·L^{-1} 以下，主要集中在 30～100 ng·L^{-1}，枯水期水体 PAHs 量高于丰水期。关于三峡库区消落带土壤 PAHs 的研究较少，文献数据较少，对三峡库区消落带土壤整体 PAHs 污染水平的评价不能起到很好的参考作用。水体和沉积物 PAHs 的研究相对较多，三峡库区不同地段、不同水位期，水体和沉积物 PAHs 污染水平不一样。库区 PAHs 的分布特点主要与当地的 PAHs 来源有关，靠近工业发达城镇的地段或者人口密集区域 PAHs 的含量相对较高。

表 1.2 三峡库区 PAHs 含量在各个区域的分布特征

环境区域	区域（年份）	PAHs 含量/(ng·g⁻¹)		参考文献
		最小值	最大值	
沉积物	三峡库区重庆段（2014）	68.6	4226	[88]
	三峡库区干流和支流（2016）	267.9	1018.1	[89]
	宜宾至泸州段干流（2015）	5071	9324	[90]
	三峡库区干流（2015）	202	2291.3	[91]
消落带	三峡库区消落带（2012）	18.4	392.29	[92]
	三峡库区消落带（2013）	54	463.08	[92]
水体	三峡库区 175 m 下游（2012）	23	1630	[93]
	三峡库区 175 m 上游（2013）	83	1631	[93]
	三峡库区枯水期（2008）	10	100	[94]
	三峡库区丰水期（2008）	30	100	[94]
	宜宾至泸州段干流（2015）	64	1150	[90]
	三峡库区干流（2015）	8.7	101.7	[91]
	三峡库区干流和支流（2016）	3.9	107.6	[89]

1.3 流域面源/内源污染生态修复方法现状

流域治理主要从污染源控制、水环境管理和生态修复等方面着手[95, 96]。各国先后提出并推进"近自然河道治理工程学"和"近自然河川法"[97-101]，强调生态修复的重要性。全国范围内的污水处理厂修建、排污管道优化等源头控制措施和引水补源、河道护岸建设等末端治理技术[102]，取得了一定成效。进入 21 世纪，"亲自然河流"等概念被提出。专家学者[103, 104]提出"以人为本"的河流治理理念，开始注重人与自然的和谐发展，致力于营造亲水近水、开放、舒适的水环境。

由于流域内土壤及水体的污染物具有隐蔽性、长期性、不可逆性等特点，传统的物理、化学等方法破坏了土壤结构和活性且工程量大，无法对大面积污染实施治理[105]。植物生态修复技术是利用植物与其共存微生物体系消除或富集环境中污染物的生物技术[106]，具有投资低、维护简单、无二次污染和利于环境美化等优点[107]。因此，植物生态修复技术的基础理论和实际应用已成为学术研究的重点。黄白飞和辛俊亮[108]对植物积累重金属的机理进行深入研究，从植物对重金属的富集转运及对重金属转运相关基因的最新研究进展方面进行总结。潘义宏等[109]研究某些水生植物对重金属复合污染水体的修复具有较大潜力。何娜等[110]探讨了水生植物净化污染水体的机制，加强在不同植物种类开发、植物组合优化及植物的净化机制等方面的研究。罗良国等[111]对农田退水氮、磷的去除途径及影响因素等方面进行研究。目前，植物修复研究多以实践为重点，从室内实验到污染区的示范、再到大区域的应用推广，为环境的大面积污染治理提供技术支撑。

　　近年来，自然资源部与相关部门在三峡库区开展了农业面源污染监测与防治工作，在一些流域建成了旱坡地、水田系统和消落带三重拦截与消纳农业面源污染示范基地，采用农田氮磷减量施用与水肥高效利用技术，旱坡地污染物多级截留与削减技术，柑橘园面源污染负荷削减的生态果园构建技术，分散型畜禽、种植业废弃物污染负荷削减技术和农村居民点生活废弃物资源化处理的污染控制技术，为整体提升三峡库区及上游流域农村面源污染控制与环境管理水平、农村面源污染综合防治技术能力和经济社会的可持续发展能力提供了强有力的技术支撑。然而，由于三峡库区独特的地理位置与气候致使拦截、消纳和过滤农业面源污染的功能受到影响；同时，由于农业面源污染分布范围广，防治难度大等特点，致使农业和农村面源调控技术难以广泛应用[112]。

1.4　主要研究内容

　　三峡水库蓄水后库区沿岸的生态环境脆弱，国家启动了三峡库区生态屏障区建设工程。本书以库区香溪河库湾沉积物、消落带及上缘土壤为研究对象，对于整个区域的生态环境进行了持续的监测，重点监测氮、磷、重金属和多环芳烃（PAHs）时空变化，研究其来源、污染现状、迁移和转化规律以及存在的形态特征，对于潜在的生态风险进行初步评估，旨在为该区域的生态恢复提供参考。主要研究内容如下：

　　（1）通过对香溪河库湾的氮、磷营养盐进行长期监测，分析其氮、磷营养盐的时空分布特征，并对香溪河库湾沉积物进行磷风险评价，为示范工程建设提供重要的数据支持。

　　（2）研究香溪河沉积物、消落带及上缘的土壤磷形态，分析讨论土壤中不同形态磷的含量及比例；研究不同淹水时期下消落带土壤中磷形态释放特征，为示范工程建设提供数据参考，为示范工程建立修复的时间概念。

　　（3）分析不同海拔消落带土壤重金属含量分布特征，干湿交替下土壤重金属含量变化特征，对比分析土壤、沉积物重金属含量特征、形态分布变化特征及其影响因素。

　　（4）通过对香溪河流域消落带、消落带上缘、沉积物以及水体中的 PAHs 进行监测，研究 PAHs 在香溪河流域各区域的环境特征及行为，评估水位消涨周期内香溪河流域 PAHs 环境污染特征及变化规律，分析水位消涨过程中，沉积物成为 PAHs 二次污染源的可能性，分析消落带不同海拔土壤的理化性质及 PAHs 对水位消涨的响应规律，并对香溪河各区域 PAHs 的来源进行分析。

　　（5）通过对香溪河库岸污染物进行的多方面深层次影响的生态风险评价，全面评估该区域生态风险。

　　（6）通过对水生植物的氮、磷吸收和净化能力的比较研究，为水生植物筛选奠定理论基础，为示范工程建设提供技术支撑。

　　（7）通过构建香溪河底泥内源磷控制示范工程，为三峡水库支流内源磷污染治理提供新途径，为三峡库区水污染的治理提供技术支撑。

1.5　技术路线

香溪河在整个三峡库区的地理位置具有特殊性，水环境特征具有一定代表性。本书选择香溪河库湾作为研究对象，通过持续野外调查和生态环境监测，揭示香溪河库湾的典型污染物时空分布特征，分析各区域污染物对库区水位消涨的响应特征，识别香溪河库湾的生态风险；基于污染物监测数据，筛选高效富磷水生生物种，构建香溪河库湾高效富磷水生生物群落，以消减水体磷负荷，控制内源磷释放，原位进行技术集成示范，形成完整可靠的库区内源磷控制技术体系，为湖库内源磷素的控制提供新途径，为三峡库区生态环境保护提供技术支撑。本书研究的技术路线框架如图 1.2 所示。

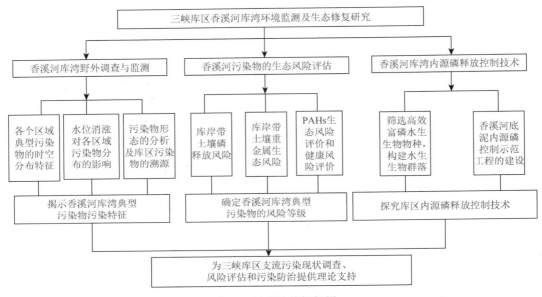

图 1.2　技术路线框架图

参 考 文 献

[1] 鲍瑞雪. 三峡蓄水过程对香溪河水文特性的影响[J]. 河南水利与南水北调，2015（5）：49-51.

[2] 艾丽皎，吴志能，张银龙. 水体消落带国内外研究综述[J]. 生态科学，2013，32（2）：259-264.

[3] 刘惠英，任洪玉，张长伟，等. 三峡库区香溪河流域降雨侵蚀力的时空分布特征[J]. 中国水土保持科学，2015，13（3）：1-7.

[4] 谭路，蔡庆华，徐耀阳，等. 三峡水库 175 m 水位试验性蓄水后春季富营养化状态调查及比较[J]. 湿地科学，2010，8（4）：331-338.

[5] 张彪，刘德富，宋林旭，等. 三峡库区香溪河流域近 20 年气候趋势分析[J]. 三峡大学学报（自然科学版），2013，35（1）：12-16.

[6] 钟海玲，高荣，杨霞. 三峡库区蓄水后气候特征及其对生产潜力的影响[J]. 安徽农业科学，2010（12）：6353-6355.

[7] 张爱英，熊高明，樊大勇，等. 三峡水库运行对淹没区及消落带植物多样性的影响[J]. 生态学杂志，2016，35（9）：2505-2518.

[8] 马骏，李昌晓，魏虹，等. 三峡库区生态脆弱性评价[J]. 生态学报，2015，35（21）：7117-7129.

[9] 戴泽龙，黄应平，付娟，等. 香溪河消落带狗牙根对重金属镉的积累特性与机制[J]. 武汉大学学报（理学版），2015，61（3）：279-284.

[10] 麻泽龙，程根伟. 河流梯级开发对生态环境影响的研究进展[J]. 水科学进展，2006，17（5）：748-753.

[11] 刘兰芬. 河流水电开发的环境效益及主要环境问题研究[J]. 水利学报，2002，33（8）：121-128.

[12] 程根伟，麻泽龙，范继辉. 西南江河梯级水电开发对河流水环境的影响及对策[J]. 中国科学院院刊，2004，19（6）：433-437.

[13] 窦贻俭，杨戊. 曹娥江流域水利工程对生态环境影响的研究[J]. 水科学进展，1996，7（3）：261-267.

[14] 彭烨键，王鹏程，刘瑛，等. 三峡库区消落带土壤重金属的分布特征与评价[J]. 环境科学与技术，2020，43（5）：181-186.

[15] 宫兆宁，李洪，阿多，等. 官厅水库消落带土壤有机质空间分布特征[J]. 生态学报，2017，37（24）：8336-8347.

[16] 郭沛，朱强，王素梅，等. 模拟淹水条件下三峡库区消落带土壤重金属形态变化[J]. 华中农业大学学报，2013，32（6）：70-74.

[17] 何立平，付川，谢昆，等. 三峡库区万州段不同类型消落带土壤磷形态贮存特征[J]. 长江流域资源与环境，2014，23（4）：534-541.

[18] Wu J G，Huang J H，Han X G，et al. Three-Gorges Dam—experiment in habitat fragmentation？[J]. Science，2003，300（5623）：1239-1240.

[19] 王晖，廖炜，陈峰云，等. 长江三峡库区水土流失现状及治理对策探讨[J]. 人民长江，2007，38（8）：34-36，50.

[20] 符素华，张志兰，蒋光毅，等. 三峡库区水土流失综合治理优先小流域识别方法[J]. 水土保持学报，2020，34（3）：79-83，197.

[21] 韦杰，贺秀斌. 三峡库区坡耕地水土保持措施研究进展[J]. 世界科技研究与发展，2011，33（1）：41-45.

[22] 王甜，肖文发，黄志霖，等. 三峡库区紫色土坡地典型暴雨径流氮磷流失特征[J]. 生态与农村环境学报，2022，38（3）：367-374.

[23] 杜佐华. 三峡库区的水土保持与生态环境[J]. 中国水土保持，1999（5）：7-9.

[24] 左太安，苏维词，马景娜，等. 三峡重庆库区针对水土流失的土地资源生态安全评价[J]. 水土保持学报，2010，24（2）：74-78.

[25] 徐昔保，杨桂山，李恒鹏，等. 三峡库区蓄水运行前后水土流失时空变化模拟及分析[J]. 湖泊科学，2011，23（3）：429-434.

[26] 吴炳方，刘远新，臧小平，等. 三峡工程建设期库区生态环境保护措施及效果评价[J]. 长江流域资源与环境，2011，20（3）：276-282.

[27] 杨凯祥，刘强，李秀红，等. 三峡库区土壤侵蚀和植被覆盖变化分析[J]. 北京师范大学学报（自然科学版），2021，57（5）：631-638.

[28] 仙光，方振东，龙向宇. 三峡库区消落带生态环境问题探讨[J]. 环境科学与管理，2013，38（2）：67-69，82.

[29] 王玲玲，张斌，闫春淼，等. 三峡库区面源污染综合管理前景与方法探究[J]. 环境科学与技术，2013，36（S1）：311-314.

[30] 柳毓梅. 国外农业非点源污染研究概述[J]. 科技信息（科学教研），2007（14）：457.

[31] 郑志伟，邹曦，安然，等. 三峡水库小江流域消落带土壤的理化性状[J]. 水生态学杂志，2011，32（4）：1-6.

[32] 程瑞梅，刘泽彬，肖文发，等. 三峡库区典型消落带土壤化学性质变化[J]. 林业科学，2017，53（2）：19-25.

[33] 沈雅飞，王娜，刘泽彬，等. 三峡库区消落带土壤化学性质变化[J]. 水土保持学报，2016，30（3）：190-195.

[34] Blaser P，Zimmermann S，Luster J，et al. Critical examination of trace element enrichments and depletions in soils：As，Cr，Cu，Ni，Pb，and Zn in Swiss forest soils[J]. Science of the Total Environment，2000，249（1-3）：257-280.

[35] Šajn R，Aliu M，Stafilov T，et al. Heavy metal contamination of topsoil around a lead and zinc smelter in Kosovska Mitrovica/Mitrovicë，Kosovo/Kosovë[J]. Journal of Geochemcal Exploration，2013，134（4）：1-16.

[36] Chabukdhara M，Nema A K. Heavy metals assessment in urban soil around industrial clusters in Ghaziabad，India：probabilistic health risk approach[J]. Ecotoxicology and Environmental Safety，2013，87（1）：57-64.

[37] Nziguheba G，Smolders E. Inputs of trace elements in agricultural soils via phosphate fertilizers in European countries[J]. Science of the Total Environment，2008，390（1）：53-57.

[38] Niazi N K，Singh B，Minasny B. Mid-infrared spectroscopy and partial least-squares regression to estimate soil arsenic at a highly variable arsenic-contaminated site[J]. International Journal of Environmental Science and Technology，2015，12（6）：

1965-1974.

[39] 张晟，黎莉莉，张勇，等. 三峡水库 135 m 水位蓄水前后水体中重金属分布变化[J]. 安徽农业科学，2007，35（11）：
3342-3343，3376.

[40] 赵军，于志刚，陈洪涛，等. 三峡水库 156 m 蓄水后典型库湾溶解态重金属分布特征研究[J]. 水生态学杂志，2009，
2（2）：9-14.

[41] 王健康，周怀东，陆瑾，等. 三峡库区水环境中重金属污染研究进展[J]. 中国水利水电科学研究院学报，2014，12（1）：
49-53.

[42] 朱联东，李兆华，陈红兵，等. 兴山香溪河流域农业面源污染问题及防治对策研究[J]. 环境研究与监测，2009，22（3）：
11-13，19.

[43] 方涛，付长营，敖鸿毅，等. 三峡水库蓄水前后香溪河氮磷污染状况研究[J]. 水生生物学报，2006，30（1）：26-30.

[44] 聂小倩，郭强，李晓玲，等. 香溪河消落区及上缘土壤磷素的时空分布特征[J]. 环境科学与技术，2014，37（11）：7-14.

[45] 张晓华，肖邦定，陈珠金，等. 三峡库区香溪河中重金属元素的分布特征[J]. 长江流域资源与环境，2002，11（3）：269-273.

[46] 肖尚斌，刘德富，王雨春，等. 三峡库区香溪河库湾沉积物重金属污染特征[J]. 长江流域资源与环境，2011，20（8）：
983-989.

[47] 简尊吉，马凡强，郭泉水，等. 三峡水库峡谷地貌区消落带优势植物种群生态位[J]. 生态学杂志，2017，36（2）：328-334.

[48] 张建春，彭补拙. 河岸带研究及其退化生态系统的恢复与重建[J]. 生态学报，2003，23（1）：56-63.

[49] 朱妮妮，秦爱丽，郭泉水，等. 三峡水库巫山一秭归段典型消落带植被空间分异研究[J]. 林业科学研究，2015，28（1）：
109-115.

[50] 谭淑端，王勇，张全发. 三峡水库消落带生态环境问题及综合防治[J]. 长江流域资源与环境，2008，17（S1）：101-105.

[51] 王强，袁兴中，刘红，等. 三峡水库初期蓄水对消落带植被及物种多样性的影响[J]. 自然资源学报，2011，26（10）：
1680-1693.

[52] 王业春，雷波，张晟. 三峡库区消落带不同水位高程植被和土壤特征差异[J]. 湖泊科学，2012，24（2）：206-212.

[53] 付娟，李晓玲，戴泽龙，等. 三峡库区香溪河消落带植物群落构成及物种多样性[J]. 武汉大学学报（理学版），2015，
61（3）：285-290.

[54] 王园媛，秦晓杰，樊佳奇，等. 昆明松华坝水库消落带植被群落特征研究[J].现代园艺，2023，46（14）：6-8，11.

[55] 陈功，李晓玲，黄杰，等. 三峡水库秭归段消落带植物群落特征及其与环境因子的关系[J]. 生态学报，2022，42（2）：
688-699.

[56] 樊大勇，熊高明，张爱英，等. 三峡库区水位调度对消落带生态修复中物种筛选实践的影响[J]. 植物生态学报，2015，
39（4）：416-432.

[57] 杨玲，贺秀斌，鲍玉海，等. 水库消落带不同海拔狗牙根草地土壤可蚀性研究[J]. 水土保持研究，2021，28（5）：1-6.

[58] 任雪梅，杨达源，徐永辉，等. 三峡库区消落带的植被生态工程[J]. 水土保持通报，2006，26（1）：42-43，49.

[59] 张宝森，荆学礼，何丽. 三维植被网技术的护坡机理及应用[J]. 中国水土保持，2001，1（3）：32-33.

[60] 鄢俊. 植草护坡技术的研究和应用[J]. 水运工程，2000，5（5）：29-31.

[61] Zhang Z Y，Wan C Y，Zheng Z W，et al. Plant community characteristics and their responses to environmental factors in the
water level fluctuation zone of the three gorges reservoir in China[J]. Environmental Science and Pollution Research，2013，
20（10）：7080-7091.

[62] Yang F，Liu W W，Wang J，et al. Riparian vegetation's responses to the new hydrological regimes from the Three Gorges
Project：clues to revegetation in reservoir water-level-fluctuation zone[J]. Acta Ecologica Sinica，2012，32（2）：89-98.

[63] 卢志军，李连发，黄汉东，等. 三峡水库蓄水对消涨带植被的初步影响[J]. 武汉植物学研究，2010，28（3）：303-314.

[64] 董世魁，汤琳，张相锋. 高寒草地植物种多样性与功能多样性的关系[J]. 生态学报，2017，37（5）：1472-1483.

[65] 何芳兰，金红喜，郭春秀，等. 民勤绿洲边缘人工梭梭（Haloxylon ammodendron）林衰败过程中植被组成动态及群落相
似性[J]. 中国沙漠，2017，37（6）：1135-1141.

[66] 曹梦，潘萍，欧阳勋志，等. 飞播马尾松林林下植被组成、多样性及其与环境因子的关系[J]. 生态学杂志，2018，
37（1）：1-8.

[67] 郭正刚, 刘慧霞, 孙学刚, 等. 白龙江上游地区森林植物群落物种多样性的研究[J]. 植物生态学报, 2003, 27 (3): 388-395.

[68] 周本智, 傅懋毅, 李正才, 等. 浙西北天然次生林群落物种多样性研究[J]. 林业科学研究, 2005, 18 (4): 406-411.

[69] 卢爱英, 张先平, 王世裕, 等. 干扰对云顶山亚高山草甸群落物种多样性的影响[J]. 植物研究, 2011, 31 (1): 73-78.

[70] Curtis J T, Mcintosh R P. An upland forest continuum in the prairie-forest border region of Wisconsin[J]. Ecology, 1951, 32 (3): 476-496.

[71] 陈春娣, 吴胜军, Meurk C D, 等. 三峡库区新生城市湖泊岸带初冬植物群落构成及多样性初步研究——以开县汉丰湖为例[J]. 湿地科学, 2014, 12 (2): 197-203.

[72] Marques A P G C, Rangel A O S S, Castro P M L. Remediation of heavy metal contaminated soils: phytoremediation as a potentially promising clean-up technology[J]. Critical Reviews in Environmental Science and Technology, 2009, 39 (8): 622-654.

[73] 聂亚平, 王晓维, 万进荣, 等. 几种重金属 (Pb、Zn、Cd、Cu) 的超富集植物种类及增强植物修复措施研究进展[J]. 生态科学, 2016, 35 (2): 174-182.

[74] 郭世财, 杨文权. 重金属污染土壤的植物修复技术研究进展[J]. 西北林学院学报, 2015, 30 (6): 81-87.

[75] Yang M J, Yang X E, Römheld V. Growth and nutrient composition of *Elsholtzia splendens* Nakai under copper toxicity[J]. Journal of Plant Nutrition, 2002, 25 (7): 1359-1375.

[76] 廖斌, 邓冬梅, 杨兵, 等. 鸭跖草 (*Commelina communis*) 对铜的耐性和积累研究[J]. 环境科学学报, 2003, 23 (6): 797-801.

[77] 陈同斌, 韦朝阳, 黄泽春, 等. 砷超富集植物蜈蚣草及其对砷的富集特征[J]. 科学通报, 2002, 47 (3): 207-210.

[78] 韦朝阳, 陈同斌, 黄泽春, 等. 大叶井口边草——一种新发现的富集砷的植物[J]. 生态学报, 2002, 22 (5): 777-778.

[79] 杨肖娥, 龙新宪, 倪吾钟, 等. 东南景天 (*Sedum alfredii* H) ——一种新的锌超积累植物[J]. 科学通报, 2002, 47 (13): 1003-1006.

[80] Yang X E, Long X X, Ye H B, et al. Cadmium tolerance and hyperaccumulation in a new Zn-hyperaccumulating plant species (Sedum alfredii Hance) [J]. Plant and Soil, 2004, 259 (1-2): 181-189.

[81] 魏树和, 周启星, 王新, 等. 一种新发现的镉超积累植物龙葵 *Solanum nigrum* L[J]. 科学通报, 2004, 49 (24): 2568-2573.

[82] 陈洪凯, 唐红梅, 王蓉. 三峡库区危岩稳定性计算方法及应用[J]. 岩石力学与工程学报, 2004, 23 (4): 614-619.

[83] 廖秋林, 李晓, 李守定, 等. 三峡库区千将坪滑坡的发生、地质地貌特征、成因及滑坡判据研究[J]. 岩石力学与工程学报, 2005, 24 (17): 3146-3153.

[84] 曾立雄, 王鹏程, 肖文发, 等. 三峡库区植被生物量和生产力的估算及分布格局[J]. 生态学报, 2008, 28 (8): 3808-3816.

[85] 韦丽丽, 周琼, 谢从新, 等. 三峡库区重金属的生物富集、生物放大及其生物因子的影响[J]. 环境科学, 2016, 37 (1): 325-334.

[86] 王萌, 刘云, 李春蕾, 等. 三峡库区湖北段非点源污染氮磷排放时空分布特征[J]. 水土保持通报, 2018, 38 (2): 46-52, 2.

[87] 肖丽微, 朱波. 水环境条件对三峡库区消落带狗牙根氮磷养分淹水浸泡释放的影响[J]. 环境科学, 2017, 38 (11): 4580-4588.

[88] 邹家素, 孙秀萍, 郑璇, 等. 三峡库区重庆段重点水域沉积物多环芳烃的污染特征及生态风险评价[J]. 安全与环境学报, 2017, 17 (4): 1548-1553.

[89] 林莉, 董磊, 李青云, 等. 三峡库区水体和底泥中多环芳烃和邻苯二甲酸酯类分布和来源[J]. 湖泊科学, 2018, 30 (3): 660-667.

[90] 王丹. 长江上游 (宜宾至泸州段) 毒害污染物分布特征及风险评价——以重金属和多环芳烃为例[D]. 邯郸: 河北工程大学, 2016.

[91] Lin L, Dong L, Meng X Y, et al. Distribution and sources of polycyclic aromatic hydrocarbons and phthalic acid esters in water and surface sediment from the Three Gorges Reservoir[J]. Journal of Environmental Sciences, 2018, 30 (7): 271-280.

[92] Hu T P, Zhang J Q, Ye C Z, et al. Status, source and health risk assessment of polycyclic aromatic hydrocarbons (PAHs) in soil from the water-level-fluctuation zone of the Three Gorges Reservoir, China[J]. Journal of Geochemical Exploration, 2017,

172：20-28.

[93] Tang Y M，Junaid M，Niu A P，et al. Diverse toxicological risks of PAHs in surface water with an impounding level of 175 m in the Three Gorges Reservoir area，China[J]. Science of the Total Environment，2017，580：1085-1096.

[94] 郭志顺. 三峡库区重庆段典型持久性有机污染物的污染状况分析[D]. 重庆：重庆大学，2006.

[95] Neal C，Jarvie H P，Howarth S M，et al. The water quality of the River Kenniet：initial observations on a lowland chalk stream impacted by sewage inputs and phosphorus remediation [J]. Science of the Total Environment，2000，5（251-252）：477-495.

[96] Lombi E，Zhao F J，Dunham S J，et al. Phytoremediation of heavy metal-contaminated soils：natural hyperaccumulation versus chemically enhanced phytoextraction[J]. Journal of Environmental Quality，2001，30（6）：1919-1926.

[97] Harnischmacher S. Thresholds in small rivers？Hypotheses developed from fluvial morphological research in western Germany[J]. Geomorphology，2007，92（3-4）：119-133.

[98] Yoshimura C，Omura T，Furumai H，et al. Present state of rivers and streams in Japan[J]. River Research and Applications，2005，21（2-3）：93-112.

[99] Nakamura K，Tockner K，Amano K. River and wetland restoration：lessons from Japan[J]. BioScience，2006，56（5）：419-429.

[100] ASCE River Restoration Subcommittee on Urban Stream Restoration. Urban stream restoration [J]. Journal of Hydraulic Engineering，2003，129（7）：491-493.

[101] Becker J F，Endreny T A，Robinson J D. Natural channel design impacts on reach-scale transient storage[J]. Ecological Engineering，2013，57：380-392.

[102] 迟国梁. 关于新时代流域水环境治理技术体系的思考[J]. 水资源保护，2022，38（1）：182-189.

[103] 刘晓涛. 城市河流治理若干问题的探讨[J]. 规划师，2001，17（6）：66-69.

[104] 宋庆辉，杨志峰. 对我国城市河流综合管理的思考[J]. 水科学进展，2002，13（3）：377-382.

[105] 周德春. 植物生态修复技术的研究[D]. 长春：东北师范大学，2006.

[106] 罗凌江，于德浩，张平. 植物修复技术在地表水污染控制中的应用[J]. 污染防治技术，2007，20（4）：74-77.

[107] 孙景欣. 植物对大庆地区油污土壤的降解能力研究[D]. 大庆：大庆石油学院，2008.

[108] 黄白飞，辛俊亮. 植物积累重金属的机理研究进展[J]. 草业学报，2013，22（1）：300-307.

[109] 潘义宏，王宏镔，谷兆萍，等. 大型水生植物对重金属的富集与转移[J]. 生态学报，2010，30（23）：6430-6441.

[110] 何娜，张玉龙，孙占祥，等. 水生植物修复氮、磷污染水体研究进展[J]. 环境污染与防治，2012，34（3）：73-78.

[111] 罗良国，陈崇娟，赵天成，等. 植物修复农田退水氮、磷污染研究进展[J]. 农业资源与环境学报，2016，33（1）：1-9.

[112] 肖新成，何丙辉，倪九派，等. 三峡生态屏障区农户参与农业面源污染调控的意愿和行为分析[J]. 西南大学学报（自然科学版），2015，37（5）：136-145.

第2章　香溪河库湾区域环境监测方法

2.1　监测样点的设定

对三峡库区香溪河库湾水体、消落带以及沉积物中的氮、磷、重金属以及多环芳烃进行监测分析，由于每个监测指标的采样方案不一致，因此本书分两类来阐述监测样点设定和样品的采集过程。

2.1.1　氮、磷及重金属监测样点设定

1. 香溪河库岸带样品的采集

在兴山县峡口镇至香溪河汇入长江河口处的秭归县香溪镇的河段上，根据不同的气候、土壤理化值等，选定9个具有代表性的样点。样点编号为XX01～XX10（XX03除外），每条样带依据海拔从自然状态消落带（海拔145～175 m）到消落带上缘（海拔175～185 m）设置5个高程，分别为145～150 m、155～160 m、160～165 m、170～175 m、175～185 m，选取深度为0～20 cm的表层土壤（标记为S）、20～40 cm的下层土壤（标记为X）。采样点设置图如图2.1所示，样点位置和坐标见表2.1。现场采样时，每次采集样品后清洗采样工具，避免交叉污染。土样在24 h内运回实验室，经自然风干后取出杂质，碾磨后过筛备用。每年的3月、6月、9月、12月对各样点进行样品采集。由于淹水高度的不同，每次能采到的样品数也不同。

2. 香溪河沉积物样品采集

利用"三峡环研号"在香溪河流域设站考察，根据不同水质类别的差异性与岸边周围的环境特点从下游（香溪河与长江交汇处）至上游（平邑口）共设置5个样带，依次为：①水库干流与香溪河交汇处（CJXX）；②三岔沟（XX01）接近支流与干流交汇处，消落带主要为荒地，上缘有住户，这两个样点位于香溪河流域下游；③贾家店（XX04）为采样流域中段，消落带有农业种植，上缘为林地，上游的峡口镇是磷矿开采与加工的主要地区；④峡口（XX06），紧靠峡口镇，居民集中；⑤平邑口（XX08）上游有黄磷矿，XX06和XX08两样点间有一货运码头与高速口。样点分布见图2.2，采样点坐标及距河口的距离见表2.2，样品采集过程中使用无扰动的沉积物采样器采取柱状样，每个样点按深度不同分为6层，分别为0～3 cm、4～6 cm、7～9 cm、10～12 cm、13～15 cm、16～18 cm，每个样点取3个平行样混合。样品经自然风干，去除植物等杂物后，过100目筛，保存备用。

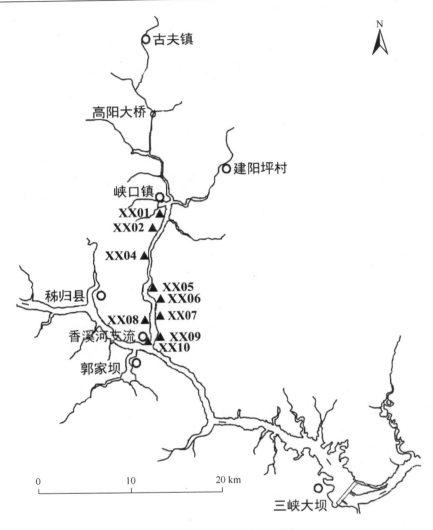

图 2.1　库岸带采样点设置图

表 2.1　库岸带样点位置和坐标

样点名称	距香溪河汇入长江河口距离/km	经度	纬度	周边环境
XX01	18.5	110°27'59"	31°03'57"	陡坡，公路边，紧靠峡口镇，人口密集
XX02	15.7	110°27'53"	31°03'32"	陡坡，海拔 165 m 以上均为菜园、果园
XX04	12.9	110°26'56"	31°01'44"	玉米地、果树
XX05	8.1	110°27'14"	31°00'39"	树林、灌木丛
XX06	7	110°27'12"	31°00'33"	树林、灌木丛，周边有较大面积的农田、玉米地和果树
XX07	3.3	110°27'31"	30°35'50"	荒地，植被较少
XX08	3.3	110°27'19"	30°35'46"	居民集中区域，耕地菜地
XX09	0.2	110°27'33"	30°34'59"	居民集中区域，耕地菜地
XX10	0.1	110°27'21"	30°34'56"	干支流交界处，荒地，设有一渡口

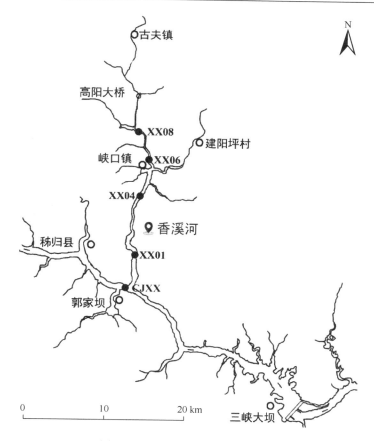

图 2.2　香溪河沉积物样点分布图

表 2.2　沉积物采样点坐标及距河口的距离

样点名称	距香溪河汇入长江河口距离/km	经度	纬度
CJXX	—	110°45′28.4″	31°13′34.8″
XX01	2.8	110°45′46.7″	30°59′24.0″
XX04	12.7	110°46′03.9″	31°04′55.6″
XX06	19.2	110°46′42.2″	31°08′02.7″
XX08	27.6	110°45′10.8″	31°11′57.6″

2.1.2　多环芳烃监测样点设定

对香溪河沿岸的工矿企业的分布情况和污染源进行初步调查，结合香溪河流域地形地貌，参照生态环境部颁布的《水质 采样技术指导》（HJ 494—2009）制订采样方案。

以香溪河流域从峡口镇到长江入江口段为研究对象，分别设置 5 个水体采样点、5 个沉积物采样点和 7 个消落带采样带。分别于 2017 年 6 月（夏季）、2017 年 9 月（秋季)、2017 年 12 月（冬季）、2018 年 3 月（春季）对消落带及其上缘土壤、底泥和表层水体中的 PAHs 进行为期一年的监测。

1. 香溪河沉积物和表层水样品采集

香溪河表层水体和沉积物的采样地点的选择依据主要为重要支流的汇入地点、企业排污口的下游、大型水库及其入水口，三峡水库 175 m 蓄水的回水范围和香溪河地形地貌特征，并参考 PAHs 潜在污染源分布特征，确定本书主要调查范围为香溪河支流河口至回水末端昭君镇约 30 km 的水域，沿香溪河上游（平邑口）至下游（香溪河与长江交汇处）设置 5 个水体及沉积物采样带（D1、D2、D3、D4、D5）。采样点的具体位置如图 2.3 所示，各个样点的具体信息见表 2.3。

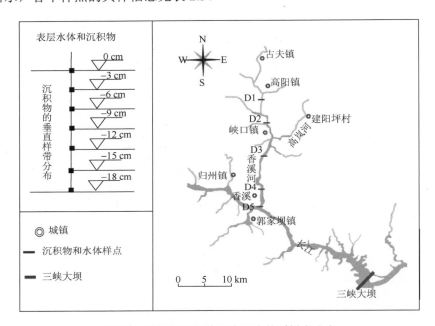

图 2.3 香溪河沉积物和表层水体采样点分布

表 2.3 水体和底泥各样点具体位置以及监测断面的具体信息

采样点	至河口的距离/km	经度	纬度	周边环境
D1	24.4	110°75′85″	31°17′41″	样点上游有黄磷厂；岸边车流量大；周围有小码头，居民区密集
D2	19.2	110°76′67″	31°11′67″	样点岸边有高速入口；周围有一个小型码头，河中有网箱养鱼
D3	12.7	110°77′14″	31°08′75″	样点周围存在磷矿排污口，岸边有菜地和柑橘园，周围居民区密集
D4	2.8	110°76′17″	30°99′51″	样点周围为荒地，岸边有少量居民区和柑橘园
D5	0	110°73′48″	30°96′13″	样点周围有柑橘园，居民区密集，且有在建香溪河大桥

2. 香溪河消落带及上缘土壤样品采集

香溪河消落带样点选取香溪河航运最发达的峡口镇至长江入江口段作为研究区域。经过对这一段区域消落带的野外调查，结合消落带的地形地貌以及潜在 PAHs 污染源分布特征，利用便携式全球定位系统（global positioning system，GPS）（精度为 30 m）沿香溪河水流方向依次均匀布设 7 个样带（Y1、Y2、Y3、Y4、Y5、Y6、Y7），根据香溪河流域水位消涨规律（图 2.2），每个样带设置 5 个海拔的采样点，其中消落带范围内的样点设置在海拔 145 m、155 m、165 m 和 175 m 处，上缘土壤采样点设置在海拔 185 m 处，具体样点分布情况见图 2.4，各样点具体情况见表 2.4。

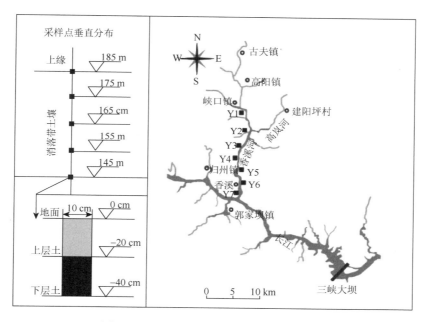

图 2.4　香溪河消落带及上缘土壤样点分布

表 2.4　消落带各样点及监测断面的具体信息

样点	至河口的距离/km	经度	纬度	周边环境
Y1	18.5	110°27′59″	31°03′57″	样带无居民区，库岸边为交通主要运输通道，车流量大；库岸对面为兴发集团大型磷矿码头，运输车辆频繁；有大型船只停靠点
Y2	15.7	110°27′53″	31°03′32″	样带对岸有采石运输港口；165～175 m 处有玉米地；海拔 185 m 以上居民密集，有柑橘园；岸边有主干公路
Y3	12.9	110°26′56″	31°01′44″	样带海拔 175 m 处有柑橘园；居民区密集
Y4	8.1	110°27′14″	31°00′39″	样带海拔 175 m 处有玉米地；海拔 185 m 以上有柑橘园，居民稀少，道路为小土路；水面有网箱养鱼，水面可见明显油污
Y5	7.0	110°27′12″	31°00′33″	样带海拔 145 m 以下有小型轮渡；海拔 165 m 处有芝麻地；海拔 175 m 处有菜园和柑橘园；海拔 185 m 处有柑橘园，库岸有小路；水面有明显油污

续表

样点	至河口的距离/km	经度	纬度	周边环境
Y6	3.3	110°27′31″	30°35′50″	样带海拔 185 m 处有公路主干道，柑橘园和密集的居民区；海拔 165～175 m 处有玉米地；海拔 145 m 以下有小型渡口，以柴油型小船只为主，水面有明显可见的油污
Y7	0.2	110°27′33″	30°34′59″	样带海拔 185 m 以上有密集居民，距样带 1 km 处正在新修香溪大桥，来往工程车辆繁多；海拔 175 m 处有少量居民区和柑橘园；海拔 165 m 处有玉米地

2.2　监测指标及监测方法

2.2.1　土壤及水体理化性质的测定

为了揭示污染物分布规律，需要了解土壤理化性质、沉积物和库岸带土壤理化性质的测定方法，见表 2.5。

对水体理化性质，如水体溶解氧（dissolved oxygen，DO）、水质浊度（water turbidity，SD）、水体总氮（TN）以及水体总磷（TP）也进行了测定，具体理化指标测定方法见表 2.5。

表 2.5　土壤及水体理化指标测定方法

序号	指标	测定方法	引用标准
1	土壤 pH	玻璃电极法	《土壤 pH 的测定》（NY/T 1377—2007）
2	土壤有机质	重铬酸钾氧化-外加热法	《土壤检测 第 6 部分：土壤有机质的测定》（NY/T 1121.6—2006）
3	土壤总氮	半微量凯式法	《森林土壤氮的测定》（LY/T 1228—2015）
4	土壤速效氮	碱解蒸馏法-半自动凯氏定氮仪	《森林土壤氮的测定》（LY/T 1228—2015）
5	土壤总磷	碱熔-钼锑抗比色法	《土壤 总磷的测定 碱熔-钼锑抗分光光度法》（HJ 632—2011）
6	土壤有机碳	MultiN/C2100TOC/TN 分析仪	——
7	土壤速效磷	碳酸氢钠浸提-钼锑抗比色法	《土壤 有效磷的测定 碳酸氢钠浸提-钼锑抗分光光度法》（HJ 704—2014）
8	土壤重金属	原子吸收火焰法/原子吸收石墨法	《土壤质量 铅、镉的测定 石墨炉原子吸收分光光度法》（GB/T 17141—1997）《土壤质量 铜、锌的测定 火焰原子吸收分光光度法》（GB/T 17138—1997）
9	土壤粒径	BT-9300Z 型激光粒度分布仪	——
10	水体 pH	玻璃电极法（METTLER TOLEDO pH 计）	《水质 pH 值的测定 电极法》（HJ 1147-2020）
11	水体溶解氧	电化学探头法（JC516-607，便携式溶解氧分析仪）	——
12	水体浊度	浊度计法	《水质 浊度的测定 浊度计法》（HJ 1075—2019）
13	水体总氮	碱性过硫酸钾紫外分光光度法	《水质 总氮的测定 碱性过硫酸钾消解紫外分光光度法》（GB11894—89）
14	水体总磷	钼酸铵分光光度法	《水质 总磷的测定 钼酸铵分光光度法》（GB 11893—89）

2.2.2　重金属的监测

土壤重金属总溶总量的测定参考国家标准方法，采用湿法消解土壤样品（HNO_3 + HF）[1]，Pb、Cd、Cu、Cr 采用原子吸收光谱分光光度计-火焰/石墨法（PinAAcle 900T，PerkinElmer）测定。

土壤样品具体消解步骤如下：①准确称量土壤样品 0.20 g 放于密封高压消解罐中；②加入 5 mL HNO_3 和 3 mL HF（样品量大，则酸量加大）；③将消解罐放入电热恒温鼓风干燥箱中进行密闭消解（185℃下平衡 10～12 h）；④样品消解完成后于通风橱中降温，电热板上赶酸；⑤赶酸完毕后用 1‰HNO_3 溶液转移定容到 25 mL，摇匀、静置，溶液澄清后待测。同步 2 份全程试剂空白试验。

对于消落带土壤，采用原子吸收火焰法检测 Pb、Cu、Cr，原子吸收石墨法检测 Cd。

试验所用器皿均在 5%的 HNO_3 中浸泡 24h 以上，并用蒸馏水洗净烘干，分析测试所用试剂均为优级纯。为了检验原子吸收分光光度计 AAS-900 的准确性，选用国家标准样品中心的单元素标准溶液，取母液按标准方法配制成一定浓度的溶液，配制溶液的标准值、测定值（平行测定三次）及回收率符合试验要求。重金属总溶总量的准确度和精密度采用从国家标准物质中心购买的土壤成分分析标准物质（样品编号为 GBW07408）进行检验，并按比例进行随机检查和异常点检查，进行严格的样品质量监控，测试结果符合监控要求[2]。

2.2.3　磷形态的分析测定

运用 SMT（the standards，measurements and testing programme）法提取了 5 种形态的磷：HCl-P（包括与 Ca 结合的磷）、NaOH-P（包括 Fe、Mn、Al 氧化物及氢氧化物包裹的磷）、有机磷、无机磷以及浓 HCl 提取的磷（即总磷）[3-5]。其中可以被生物所利用的形态为铁铝结合磷（Fe/Al-P）与有机磷，符合 Olila 等[6]的观点。

库岸带土壤样品检测样点分别为 XX01、XX04、XX06、XX10，采样时间为 2016 年 2 月和 2016 年 6 月；沉积物采样 5 个样点所有样品，采样时间为 2016 年 6 月。5 个高程（145 m、155 m、165 m、175 m、185 m）样点按季节采样，检测能采到的样点，包括表层土（S）和下层土（X）。

运用 SMT 法，参考杨柳等的化学连续提取法[7]，以分开的 3 步提取，采用 HCl、NaOH 提取获得 5 种磷形态，具体提取方法见图 2.5。

2.2.4　重金属形态的测定

Tessier 法[8-10]将重金属赋存形态分为：可交换态（F1）、碳酸盐结合态（F2）、铁锰氧化物结合态（F3）、有机结合态和硫化物结合态（F4）及残渣态（F5），该方法也是目前应用较广泛的方法。

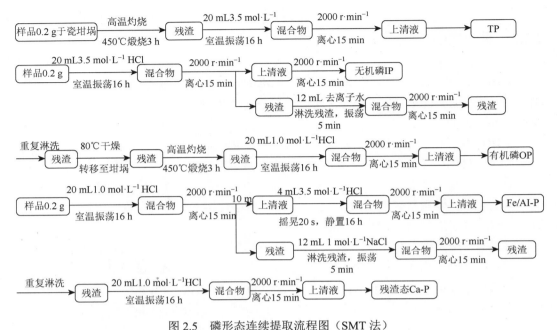

图 2.5　磷形态连续提取流程图（SMT 法）

注：各上清液采用磷钼蓝比色分光光度法检测磷含量。

沉积物检测样点为 CJXX、XX01、XX04、XX06、XX08，采样时间为 2016 年 6 月。库岸带土壤检测样点为 XX01、XX04、XX06、XX08、XX10。5 个高程（145 m、155 m、165 m、175 m、185 m）样点按季节采样，检测能采到的样点，包括表层土（S）和下层土（X），采样时间为 2016 年 2 月和 2016 年 6 月。

活性总量 = F1 + F2 + F3 + F4，提取总量 SUM = F1 + F2 + F3 + F4 + F5。具体的提取方法参考吉芳英[9]和王图锦[10]的方法，提取过程如图 2.6 所示。

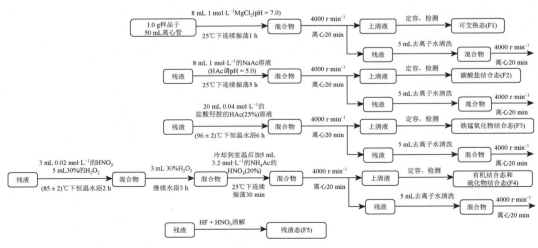

图 2.6　重金属形态提取过程（Tessier 法）

注：各上清液采用火焰/石墨原子分光光度法检测各形态重金属。

2.2.5　多环芳烃的测定

PAHs 的提取与检测主要有三个过程：提取、净化以及检测分析。水体和土壤 PAHs 的提取方法有差异[11]，但是净化和检测过程是相同的。土壤与沉积物中的 PAHs 参照《土壤和沉积物　多环芳烃的测定　高效液相色谱法》（HJ 784—2016）进行提取与测定；水体中的 PAHs 参照《水质　多环芳烃的测定　液液萃取和固相萃取高效液相色谱法》（HJ 478—2009）。

1. PAHs 的提取

土壤中 PAHs 的提取主要通过超声萃取的方法，具体步骤如下：取冷冻干燥研磨过 100 目筛后的备用土壤，准确称取 5.00 g 样品（精确到 0.01 g），加入 50 μL 十氟联苯使用液，加入适量无水硫酸钠（使用前需在 400℃条件下活化 5 h），均化为流沙状，加入到 50 mL 带四氟乙烯垫片的玻璃离心管中，加入 10 mL 二氯甲烷后密闭，于超声机中超声萃取 20 min，然后在离心机中以 3000 r·min^{-1} 速度离心 10 min，收集上清液于 100 mL 棕色带盖锥形瓶中避光密闭保存。再重复上述过程两遍，合并三次得到上清液。将棕色锥形瓶中液体过载一定量无水硫酸钠的砂芯漏斗，用二氯甲烷洗三次，收集溶液于 50 mL 圆底烧瓶中，于旋转蒸发仪上蒸发至近干状态，加入 5 mL 正己烷置换溶剂，再次旋蒸浓缩至 1 mL。

水体 PAHs 的提取主要通过液液萃取方法，具体步骤如下：将水样摇匀，量取 500 mL 加入 1000 mL 的分液漏斗中，加入 100 μL 40 μg·mL^{-1} 十氟联苯溶液，加入 15 g 氯化钠（400℃下烘烤 2 h），再加入 25 mL 二氯甲烷，上下摇动 5 min 后静置待分层，收集有机相，保存于 100 mL 锥形瓶中，重复上述操作两遍，合并有机相。将收集的有机相过载用适量无水硫酸钠的砂芯漏斗进行脱水干燥。将干燥后的溶液进行旋转蒸发（40℃）浓缩至约 1 mL，再加入 3 mL 正己烷置换溶剂，最终浓缩到 1 mL 左右待净化。

2. 硅胶固相萃取小柱净化

用硅胶固相萃取小柱作为净化柱，将固相萃取柱固定于固相萃取仪上。加入 4 mL 二氯甲烷冲洗净化固相硅胶小柱，再用 10 mL 正己烷平衡固相萃取小柱，在小柱充满液体后，关闭阀门，浸润 5 min，然后打开阀门弃去液体。在溶剂流干前将浓缩的液体转移至固相萃取小柱，用 3 mL 正己烷分三次洗涤浓缩器，洗液也转移到小柱内，通过小柱，弃去流出液，用 10 mL 1∶1 的二氯甲烷和正己烷进行洗脱，待洗脱液充满柱子时，关闭阀门，浸润 5 min 后再打开流速控制阀，用 K-D 浓缩管接收洗脱液。用氮吹浓缩法将洗脱液浓缩至约 1 mL，加入 3 mL 乙腈，再浓缩至 1 mL，将溶剂完全转化为乙腈，并且准确定容至 1 mL。然后，将其转移至棕色进样小瓶，于 4℃冷藏、避光密闭保存，30 d 内完成分析。

3. PAHs 的测定

使用 Waters E2695 高效液相色谱仪（HPLC）搭配 2998 二极管阵列（photo-diode array，PDA）检测器对 PAHs 进行测定，检测波长为 254 nm。采用 Waters C18 反向 PAHs 专用色谱柱（4.6 mm×250 mm，5 μm），进样量为 20 μL，柱温为 30℃，流速设置为 1.5 mL/min。流动相为乙腈和水，按照表 2.6 进行梯度洗脱。

表 2.6　梯度洗脱程序中乙腈和水的配比

时间/min	乙腈/%	水/%
5	50	50
20	100	0
28	100	0
32	50	50

采用北京艾科盈创生物技术有限公司的 16 种 PAHs 混合标准溶液配置浓度为 0.025 μg·L^{-1}、0.25 μg·L^{-1}、1.25 μg·L^{-1}、2.5 μg·L^{-1}、5 μg·L^{-1}、8 μg·L^{-1}、12.5 μg·L^{-1}、20 μg·L^{-1} 的标准曲线，用 Waters E2695 高效液相色谱仪进行分析，得到的 16 种 PAHs 出峰时间如图 2.7 所示，PAHs 浓度范围为 0.025～20 mg·L^{-1} 具有良好的线性关系，其相关系数见表 2.7，范围在 0.9994～0.9999，可同时测定 16 种 PAHs。

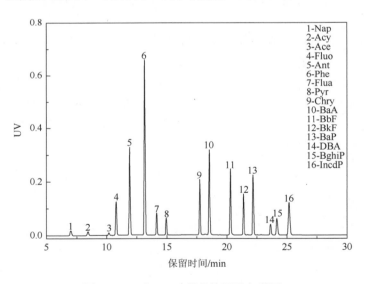

图 2.7　16 种 PAHs 紫外检测器色谱图

表 2.7　16 种 PAHs 相关性系数

多环芳烃	多环芳烃缩写	标准曲线	相关系数 R^2
萘	Nap	$y = 13780x - 783.57$	0.9999
苊烯	Acy	$y = 9457.3x - 333.07$	0.9999
二氢苊	Ace	$y = 5367.8x + 9672.8$	0.9994

续表

多环芳烃	多环芳烃缩写	标准曲线	相关系数 R^2
芴	Fluo	$y = 65853x + 10993$	0.9999
菲	Phe	$y = 163475x + 3182.1$	0.9999
蒽	Ant	$y = 349868x - 35202$	0.9999
荧蒽	Flua	$y = 38616x - 1672.9$	0.9999
芘	Pyr	$y = 33269x - 8139.3$	0.9995
苯并（a）蒽	BaA	$y = 96004x + 3768.2$	0.9999
䓛	Chry	$y = 152672x - 7150$	0.9999
苯并（b）荧蒽	BbF	$y = 115135x - 2209.6$	0.9999
苯并（k）荧蒽	BkF	$y = 269912x - 1729$	0.9999
苯并（a）芘	BaP	$y = 106692x - 1734.5$	0.9999
二苯并（a,h）蒽	DBA	$y = 106758x - 2642.3$	0.9999
苯并（ghi）苝	BghiP	$y = 38760x + 634.9$	0.9999
茚并（1, 2, 3-cd）芘	IncdP	$y = 88266x - 2915.2$	0.9999

4. 质量保证与控制

1）质量保证

为了确保试验过程中没有影响试验精确度的干扰，本书分别做了实验室空白分析和全程序空白分析，分析结果显示目标化合物的测定值低于方法检出限，试验过程中没有较大干扰。为了保证样品测定的稳定性与准确性，每 20 个样品测定一个平行样，测定结果显示两个样品的相对偏差在 12%～23%，小于标准上限 30%。以十氟联苯为替代物，在每个待测样品中加入 100 μL 40 μg·mL^{-1}十氟联苯，在试验过程中测定十氟联苯的回收率，以此来校准试验过程中的误差。

2）质量控制

为了验证试验方法的可靠性，以空白石英砂和样品进行土壤空白加标和基体加标回收率试验，以蒸馏水和样品进行水体空白加标和基体加标回收率试验。将 1μg PAHs 标准混合溶液加入 7 个分析样品和 7 个空白样品中，在相同试验条件下，将加标所测结果与未加标所测结果相减计算回收率。试验所测土壤和水体加标回收率如表 2.8 所示，土壤样品加标回收率是 78.1%～98.5%（$n = 7$），空白加标回收率是 81.4%～108.2%（$n = 7$），以5 g 土壤样品计算的方法检出下限范围为 0.2～3.4 ng·g^{-1}。水体样品加标回收率的范围是61.2%～94.3%（$n = 7$），空白加标回收率是 65.6%～95.4%（$n = 7$），以 500 mL 水样计算的方法检出下限范围为 0.2～1.5 ng·L^{-1}。

表 2.8　PAHs 测定方法的回收率

PAHs 类型	样品类型	加标量/μg	样品加标回收率/%	空白加标回收率/%
Nap	土壤	1	78.1	86.4
	水体	1	61.2	65.6

PAHs 类型	样品类型	加标量/μg	样品加标回收率/%	空白加标回收率/%
Acy	土壤	1	89.4	84.1
	水体	1	70.3	72.8
Ace	土壤	1	87.1	84.8
	水体	1	71.2	72.4
Fluo	土壤	1	95.3	97.3
	水体	1	69.3	71.9
Phe	土壤	1	91.3	93.9
	水体	1	73.1	77.3
Ant	土壤	1	98.5	108.2
	水体	1	89.8	90.8
Flua	土壤	1	93.8	86.6
	水体	1	87.2	91.5
Pyr	土壤	1	94.2	103
	水体	1	90.1	94.3
Chry	土壤	1	95.3	91.0
	水体	1	94.1	90.3
BaA	土壤	1	96.7	102.5
	水体	1	94.3	93.4
BbF	土壤	1	95.9	92.4
	水体	1	90.2	93.2
BkF	土壤	1	86.2	88.5
	水体	1	92.2	94.3
BaP	土壤	1	91.1	81.4
	水体	1	89.4	91.3
DBA	土壤	1	87.7	82.3
	水体	1	84.2	87.4
BghiP	土壤	1	95.9	83.6
	水体	1	93.3	95.4
IncdP	土壤	1	94.4	89.4
	水体	1	91.9	93.2
十氟联苯	土壤	1	92.1	99.4
	水体	1	81.9	91.2

参 考 文 献

[1] 贾旭威，王晨，曾祥英，等. 三峡沉积物中重金属污染累积及潜在生态风险评估[J]. 地球化学，2014，43（2）：174-179.

[2] 洪松. 水体沉积物重金属质量基准研究[D]. 北京：北京大学，2001.

[3] Ruban V，López-Sánchez J F，Pardo P，et al. Harmonized protocol and certified reference material for the determination of extractable contents of phosphorus in freshwater sediments-a synthesis of recent works[J]. Fresenius Journal of Analytical Chemistry，2001，370（2-3）：224-228.

[4] Ruban V，López-Sánchez J F，Pardo P，et al. Selection and evaluation of sequential extraction procedures for the determination of phosphorus forms in lake sediment[J]. Journal of Environmental Monitoring：JEM，1999，1（1）：51-56.

[5] Ruban V，Brigault S，Demare D，et al. An investigation of the origin and mobility of phosphorus in freshwater sediments from Bort-Les-Orgues Reservoir，France[J]. Journal of Environmental Monitoring：JEM，1999，1（4）：403-407.

[6] Olila O G，Reddy K R，Stites D L. Influence of draining on soil phosphorus forms and distribution in a constructed wetland[J]. Ecological Engineering，1997，9（3-4）：157-169.

[7] 杨柳，唐振，郝原芳. 化学连续提取法对太湖沉积物中磷的各种形态测定[J]. 世界地质，2013，32（3）：634-639.

[8] Tessier A，Campbell P G C，Bisson M. Sequential extraction procedure for the speciation of particulate trace metals[J]. Analytical Chemistry，1979，51（7）：844-851.

[9] 吉芳英，王图锦，胡学斌，等. 三峡库区消落区水体-沉积物重金属迁移转化特征[J]. 环境科学，2009，30（12）：3481-3487.

[10] 王图锦. 三峡库区消落带重金属迁移转化特征研究[D]. 重庆：重庆大学，2011.

[11] Hussain K，Balachandran S，Hoque R R. Sources of polycyclic aromatic hydrocarbons in sediments of the Bharalu River，a tributary of the River Brahmaputra in Guwahati，India[J]. Ecotoxicology and Environmental Safety，2015，122：61-67.

第 3 章　香溪河库湾区域氮、磷污染时空分布特征

已有研究表明，沉积物是库湾生态系统的一部分，同时充当着"源"与"汇"的角色，不断地集聚水体中沉积下来的氮、磷，当水体中氮、磷含量低时，沉积物又向水体中释放氮、磷，这对库湾水环境生态系统的能量流动和物质循环有着重要作用[1, 2]。当某些环境条件改变时，沉积物氮、磷经过间隙水与表层水的混合再进入上层水体中，加重库湾水体的富营养化[3, 4]。同时，消落带的面源污染问题也越来越严重，在反复淹水-落干过程中，消落带土壤也充当"源"的作用，有向水体释放氮、磷的风险，其释放过程也受到各种环境条件的限制[5, 6]。

目前对香溪河流域水体、沉积物、消落带及上缘土壤的氮、磷营养盐等理化指标的持续监测相关研究较少。本章以 2016 年 6 月至 2017 年 3 月的香溪河库湾沉积物、间隙水、上覆水、消落带及上缘土壤的氮、磷营养盐含量及其时空分布特征为研究对象，估算可能会出现的磷释放风险，为三峡库区香溪河流域氮、磷等营养盐在沉积物-水界面的"汇"与"源"转化规律积累数据，也为分析香溪河流域近年来的生态环境改变和建设库湾底泥内源磷控制示范工程提供大量的数据参考和理论依据。

3.1　香溪河库湾上覆水和间隙水氮、磷营养盐的时空分布特征

3.1.1　香溪河库湾上覆水和间隙水 pH 的时空分布特征

在 2016 年 6 月至 2017 年 3 月的夏、秋、冬、春 4 个季节分别对香溪河库湾上覆水和间隙水进行 pH，氮、磷含量的采样检测，其结果可清楚地描述香溪河库湾上覆水和间隙水的 pH，氮、磷含量的分布特征以及季节性变化特征。

如图 3.1（a）所示，香溪河库湾上覆水和间隙水 pH 沿程变化差异性显著。上覆水 pH 均值为 6.95（变化范围为 6.47～7.23），XX04、XX06、XX08 的 pH 均值为 7.21（弱碱性），大于 XX01，CJXX 的 pH 为 6.58（弱酸性）。间隙水 pH 沿程变化与上覆水趋势相似，均值为 7.30（变化范围为 7.01～7.53），上游 pH 高于下游。整体上，香溪河库湾上覆水和间隙水 pH 上游大于下游，且间隙水 pH 均值高于上覆水。如图 3.1（b）所示，夏季和春季的上覆水 pH 小于 7，呈弱酸性，秋季为 7.41，呈弱碱性。间隙水 pH 在秋季最大，为 7.46，呈弱碱性，夏季、冬季和春季的 pH 变化不显著，上覆水和间隙水 pH 随季节性变化趋势大致相同。

水环境酸碱性条件对沉积物中营养盐的释放有刺激作用，在中性水环境中磷释放量最小，酸性条件对磷释放的刺激强于偏碱性条件[7]。王颖等[8]在沉积物磷吸附-释放特性的实验中证实 pH 对沉积物吸附磷过程作用明显，水体的 pH 发生变化时，

沉积物容易成为磷"源"。因此，上覆水和间隙水酸碱度对沉积物中磷释放量会有显著影响[9]。

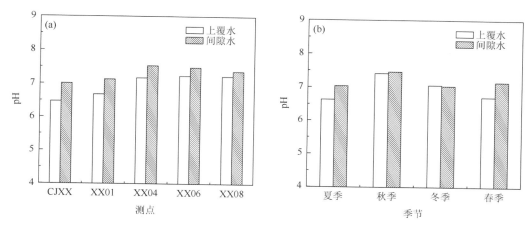

图 3.1　香溪河库湾上覆水和间隙水 pH 的时空分布特征

3.1.2　香溪河库湾上覆水和间隙水总氮的时空分布特征

香溪河库湾上覆水和间隙水的 TN 含量较高。由图 3.2 可知，上覆水 TN 浓度均值为 2.32 mg·L^{-1}（变化范围为 0.38~6.53 mg·L^{-1}），间隙水 TN 浓度均值为 11.41 mg·L^{-1}（变化范围为 1.41~21.83 mg·L^{-1}）。国际规定的水体富营养化 TN 浓度阈值为 0.2 mg·L^{-1}[10]，香溪河库湾上覆水和间隙水 TN 浓度远大于 0.2 mg·L^{-1}，这与杨正健等[11]得出的水体 TN 浓度超过阈值的结论相符合。上覆水 TN 浓度沿程变化为：下游（XX01、CJXX）TN 浓度均值（2.63 mg·L^{-1}）大于中上游（XX04、XX06、XX08）均值（2.11 mg·L^{-1}）。间隙水 TN 浓度沿程变化与上覆水相反，中上游（XX04、XX06、XX08）TN 浓度均值（12.89 mg·L^{-1}）大于下游（XX01、CJXX）均值（9.19 mg·L^{-1}）。

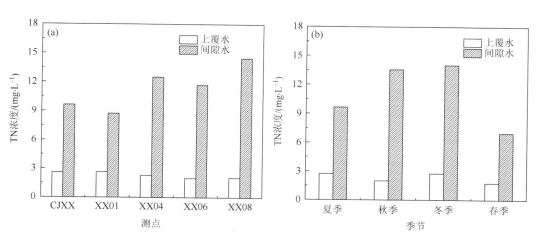

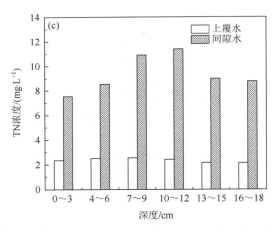

图 3.2　香溪河库湾上覆水和间隙水 TN 的时空分布特征

上覆水和间隙水 TN 浓度随季节变化显著，上覆水和间隙水 TN 浓度均在冬季达到最大值，分别为 2.76 mg·L^{-1} 和 14.03 mg·L^{-1}；春季最低，分别为 1.76 mg·L^{-1} 和 6.99 mg·L^{-1}。间隙水 TN 浓度随着深度增加有先增后减的趋势，在深度为 10～12 cm 时浓度最大，均值为 11.40 mg·L^{-1}，间隙水 TN 浓度明显高于上覆水，巨大的 TN 浓度差可能导致上层水体中氮含量增加[12]。

3.1.3　香溪河库湾上覆水和间隙水总磷的时空分布特征

香溪河库湾上覆水 TP 浓度均值为 0.19 mg·L^{-1}（变化范围为 0.02～0.41 mg·L^{-1}），间隙水 TP 浓度均值为 0.45 mg·L^{-1}（变化范围为 0.11～1.53 mg·L^{-1}），上覆水和间隙水 TP 浓度远大于国际规定的水体富营养化 TP 浓度阈值（0.02 mg·L^{-1}）。李欣等[13]研究得到单季度香溪河库湾上覆水和间隙水 TP 浓度的变化范围分别为 0.48～0.93 mg·L^{-1} 和 0.51～2.22 mg·L^{-1}，也超过了阈值 0.02 mg·L^{-1}。如图 3.3（a）所示，上覆水和间隙水 TP 浓度沿程变化显著，XX08 上覆水和间隙水 TP 浓度最大，分别为 0.21 mg·L^{-1} 和 0.67 mg·L^{-1}，可能原因是上游磷矿开采造成了污染。

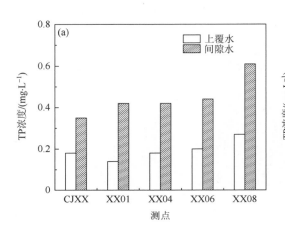
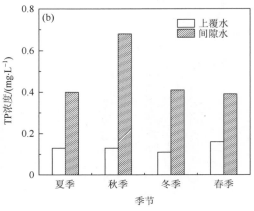

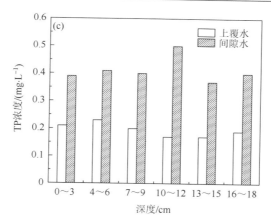

图 3.3　香溪河库湾上覆水和间隙水 TP 的时空分布特征

如图 3.3（b）所示，上覆水 TP 浓度随季节变化：春季最高，为 0.16 mg·L^{-1}；冬季最低，为 0.11 mg·L^{-1}。间隙水 TP 浓度在秋季达到最大值，为 0.68 mg·L^{-1}，春季最低，为 0.39 mg·L^{-1}，上覆水和间隙水 TP 浓度与季节变化无明显相关性。

香溪河库湾上覆水和间隙水 TP 浓度随深度增加均变化显著[图 3.3（c）]，上覆水 TP 浓度随深度增加而降低（以沉积物-水面分界线为 0 cm），其中 0~9 cm（以水-沉积物界面为 0 cm）的 TP 浓度均值为 0.21 mg·L^{-1}。间隙水 TP 浓度在 10~12 cm 深度时达到最大值，为 0.50 mg·L^{-1}，其余各深度 TP 浓度范围为 0.37~0.41 mg·L^{-1}。时丹等[14]指出，间隙水 TP 浓度直接反映沉积物与上覆水之间的磷平衡状况。梁东等[15]也指出，鸣翠湖间隙水和上覆水中氮、磷浓度梯度差明显，间隙水具有向上覆水释放氮、磷的趋势，得出湖泊内源污染作用已经非常明显的结论。香溪河间隙水 TP 浓度远大于上覆水，这与 TN 的结果相似，存在加大上覆水体磷浓度的风险。

3.2　香溪河库湾沉积物氮、磷营养盐的时空分布特征

3.2.1　香溪河沉积物 pH 的时空分布特征

沉积物 pH 随季节在 8.19~8.38 之间变化，冬季 pH 最大，为 8.38。pH 沿程变化范围为 8.13~8.64，上游 pH 最大，为 8.64（表 3.1）。如表 3.2 所示，香溪河沉积物 pH 随深度增加呈先升后降的趋势（变化范围为 8.25~8.45），在水深 7~9 cm 时 pH 最大，为 8.45。王岩等[16]在研究 pH 对沉积物不同形态磷释放的影响时，得出随 pH 的升高沉积物 TP 释放量呈增加趋势的结论。因此，偏碱性对沉积物氮、磷释放的影响不可忽视。

表 3.1　香溪河沉积物氮、磷的时空分布特征

	TN 含量/(mg·kg^{-1})	TP 含量/(mg·kg^{-1})	pH
夏季	845.41	1393.24	8.19
秋季	616.72	1137.45	8.28

	TN 含量/(mg·kg^{-1})	TP 含量/(mg·kg^{-1})	pH
冬季	627.40	1095.39	8.38
春季	865.18	1216.38	8.24
CJXX	742.99	811.24	8.30
XX01	692.05	844.16	8.14
XX04	786.91	1726.29	8.22
XX06	665.29	1515.47	8.13
XX08	668.95	1305.74	8.64

表 3.2　香溪河沉积物氮、磷随深度变化特征

采样深度/cm	TN 含量/(mg·kg^{-1})	TP 含量/(mg·kg^{-1})	pH
0~3	799.27	1331.60	8.25
4~6	733.89	1230.30	8.34
7~9	647.00	1252.59	8.45
10~12	619.09	1248.45	8.32
13~15	622.96	1110.98	8.33
16~18	574.10	1098.95	8.29

3.2.2　香溪河沉积物氮、磷的时空分布特征

沉积物 TN 含量随季节变化范围为 616.72~865.18 mg·kg^{-1}，春季和夏季 TN 含量均值 855.30 mg·kg^{-1} 大于秋季和冬季的 TN 含量均值 622.06 mg·kg^{-1}（表 3.1），这可能是耕种时期面源污染严重，春、夏季雨水较多，带走大量氮素进入水体，进而沉积在沉积物中所致[17]。中下游（XX04、XX01、CJXX）的 TN 含量均值 740.65 mg·kg^{-1} 大于上游（XX08、XX06）TN 含量均值 667.12 mg·kg^{-1}。香溪河沉积物 TN 含量随深度增加而降低（变化范围为 574.10~799.27 mg·kg^{-1}），0~6 cm 深度的 TN 含量最大，可能是水体中氮素沉积到沉积物表面所致。

沉积物 TP 含量季节间差异显著，变化范围为 1095.39~1393.24 mg·kg^{-1}，春季和夏季 TP 含量均值 1304.81 mg·kg^{-1} 显著大于秋季和冬季 TP 均值 1116.42 mg·kg^{-1}。TP 含量季节变化趋势及原因与 TN 相似。中上游（XX04、XX06、XX08）TP 含量均值 1515.83 mg·kg^{-1} 大于下游（CJXX、XX01）均值 827.70 mg·kg^{-1}，这因为中上游处于居民区及种植区，生活污水排放及磷肥、农药的使用情况严重，这也与上游上覆水和间隙水的高磷含量结论相符合。沉积物 TP 浓度随深度增加而降低（变化范围为 1098.95~1331.60 mg·kg^{-1}），沉积物表层 TP 含量最大，可能会形成磷"源"，有向上层水体中释放磷的风险[18, 19]。

3.3　香溪河消落带土壤氮、磷营养盐的时空分布特征

3.3.1　香溪河消落带土壤 pH 的时空分布特征

在 2016 年 6 月至 2017 年 3 月的夏、秋、冬、春 4 个季节分别对香溪河消落带土壤进行 pH，氮、磷含量的采样监测，以探索在淹水-落干周期内的香溪河消落带土壤氮、磷的时空分布特征。

从消落带土壤 pH 检测结果看出（图 3.4），消落带土壤 pH 均值为 7.44（变化范围为 6.13～8.46），多处于中性范围，这与石孝洪[20]和郑志伟等[21]研究的三峡库区消落带土壤 pH 趋于中性和弱碱性的结果相类似。由图 3.4（a）看出，消落带上（表）层（S）土壤 pH 均值为 7.34，XX05 点上层 pH 最低，为 6.93，其余点 pH 均大于 7（呈中性或弱碱性），XX07 点 pH 最大，为 7.70。下层（X）土壤 pH 为 7.32，接近上层，沿程变化趋势与上层类似。

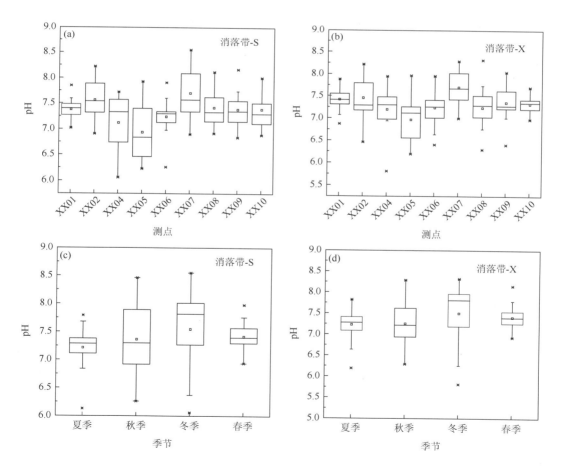

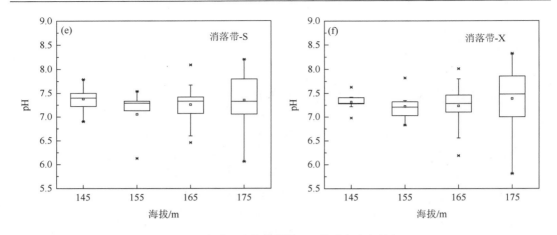

图 3.4　香溪河消落带土壤 pH 的时空分布特征

消落带土壤 pH 在季节性变化中，上下层土壤 pH 变化趋势保持一致。夏季 pH 接近中性，冬季呈弱碱性，在刚露出期，消落带 pH 变化显著。消落带土壤 pH 随海拔变化不明显，海拔 145 m、155 m、165 m、175 m 的上层和下层土壤均呈中性或弱碱性，郭泉水等[22]研究三峡库区消落带土壤 pH 的结果与本书结论相吻合。

3.3.2　香溪河消落带土壤总氮的时空分布特征

土壤中氮是评价土质和肥力的重要指标[23]。已有研究表明，消落带土壤在水淹后有向上层水体释放氮的风险[24]。本书对消落带土壤 TN 含量进行监测，如图 3.5 所示，消落带上层土壤 TN 含量均值为 684.82 mg·kg^{-1}（变化范围为 264.47～1224.21 mg·kg^{-1}），下层土壤 TN 含量均值为 652.79 mg·kg^{-1}（变化范围为 279.60～1201.84 mg·kg^{-1}）。张成虎[25]在 2012 年前后对香溪河消落带土壤 TN 的监测结果为 1056.7 mg·kg^{-1}，说明近几年消落带土壤 TN 含量有所下降。消落带 XX05 点 TN 含量最低，上游与下游的上层土壤 TN 含量要高于中游，可能因为上游和下游受附近城镇居民生活的影响，其余各点上下层土壤 TN 含量变化趋势无明显规律。袁洁[26]在对汉江流域上游氮污染的时空变化格局及其来源进行解析时，也证实土壤 TN 含量差别可能与沿岸农业以及人类活动有关。

消落带上层土壤 TN 含量随季节变化显著，下层 TN 含量随季节变化与上层类似，如图 3.5（c）、图 3.5（d）所示。夏季上层和下层土壤 TN 含量最高，分别为 792.64 mg·kg^{-1} 和 777.83 mg·kg^{-1}，可能是夏季水位消落最低，农业面源污染造成该结果，也可能是高水位时期水体中氮汇集在消落带土壤中的原因[27]。秋季（涨水期）上层和下层土壤 TN 含量最低，分别为 557.11 mg·kg^{-1} 和 456.73 mg·kg^{-1}，原因是水体中 TN 含量低，消落带中氮素向上层水体释放，充当"源"的作用。消落带土壤 TN 含量随海拔变化显著，海拔 145 m、155 m 的上层及下层土壤 TN 含量大于海拔 165 m、175 m 的土壤 TN 含量[28]。

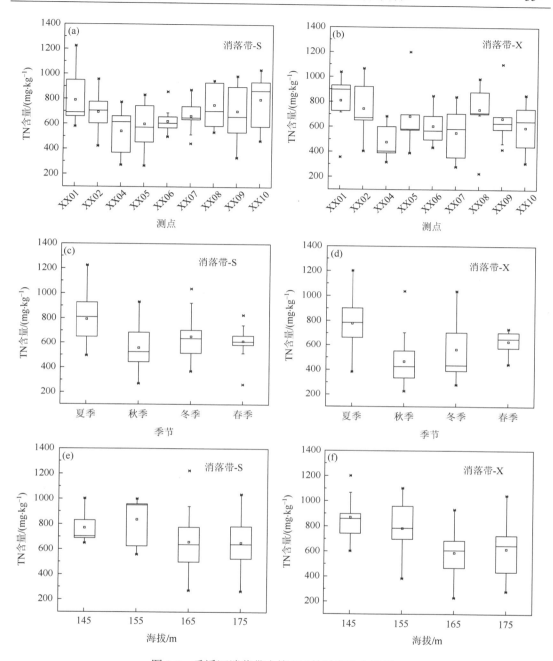

图 3.5　香溪河消落带土壤 TN 的时空分布特征

3.3.3　香溪河消落带土壤速效氮的时空分布特征

土壤速效氮包括易分解的有机态氮和易水溶的无机态氮[29]。土壤中有机态氮很多都不能被植物直接利用，所以土壤中水解氮含量能够直接反映土壤提供氮素养分的能力，这也是土壤养分的重要指标[30]。在淹水时期，消落带土壤与水体有水解氮的交换，因此，探究消落带土壤水解氮的变化也可以预估消落带土壤的面源污染对水体富营养化的危害程度[31]。

　　对香溪河消落带土壤速效氮进行监测,结果如图 3.6 所示,消落带上层土壤速效氮含量均值为 214.17 mg·kg^{-1}(变化范围为 44.47~583.12 mg·kg^{-1}),消落带下层土壤速效氮含

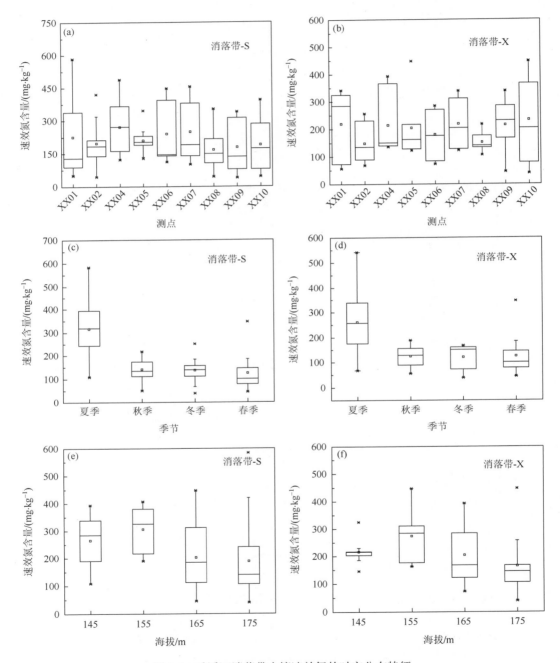

图 3.6　香溪河消落带土壤速效氮的时空分布特征

量均值为 198.09 mg·kg^{-1}（变化范围为 38.87～447.83 mg·kg^{-1}）。本书测定的上、下层土壤速效氮均值比沈雅飞等[32]在 2008～2013 年测得的三峡库区消落带土壤速效氮的均值要大。消落带土壤速效氮随季节性变化显著，上、下层土壤速效氮含量均在夏季达到最大值，分别为 312.08 mg·kg^{-1} 和 248.51 mg·kg^{-1}，秋季、冬季和春季变化不明显，消落带土壤速效氮含量随季节变化的规律与 TN 含量随季节变化规律一致。海拔 145 m、155 m 的上层及下层土壤速效氮含量大于消落带平均值，与土壤 TN 含量随海拔分布情况一致。因此，海拔 145 m、155 m 的淹没时间长，土壤中速效氮偏高，存在释放氮素的风险[33, 34]。

3.3.4　香溪河消落带土壤总磷的时空分布特征

土壤 TP 是土壤中所有磷素之和，能够直接反映土壤磷含量水平[35, 36]。香溪河流域磷矿资源丰富，土壤 TP 含量偏高，消落带上层土壤 TP 含量均值为 489.45 mg·kg^{-1}（变化范围为 166.87～1235.66 mg·kg^{-1}），下层土壤 TP 均值为 450.97 mg·kg^{-1}（变化范围为 146.58～1441.70 mg·kg^{-1}），这与梅裕等[37]在研究环境因子对香溪河库湾淹没土壤磷释放影响的试验时，所选取香溪河消落带土壤的 TP 含量相近。各样点上层 TP 含量高于下层，可以说明外源磷素主要富集在土壤上层。香溪河消落带上层和下层土壤 TP 含量沿程变化显著，且上下游样点 TP 含量明显高于中游（XX04、XX05），这可能是上游居民生活污水的排放，下游磷矿、农业的污染造成的。

消落带上层与下层土壤 TP 含量季节变化结果显示[图 3.7（c）、图 3.7（d）]，上、下层土壤 TP 含量随季节变化趋势一致。在夏季落干期，消落带土壤 TP 含量偏高，下次淹水后，向上层水体释放磷的危害增大。消落带土壤 TP 含量随海拔变化显著，海拔 145 m、155 m 的土壤 TP 含量大于平均值，可能原因夏季雨水较多，消落带上缘土壤中磷素被雨水冲刷向下转移。图 3.7 中异常值较多，表明土壤 TP 含量受人类活动影响强烈，区域差异明显[38]。

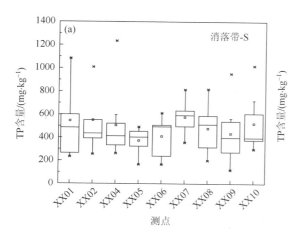
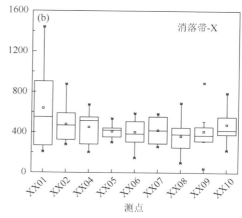

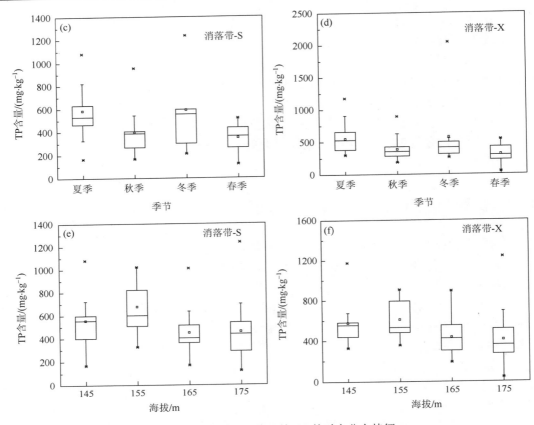

图 3.7　香溪河消落带土壤 TP 的时空分布特征

3.4　香溪河消落带上缘土壤氮、磷的时空分布

3.4.1　香溪河消落带上缘土壤 pH 的时空分布特征

香溪河消落带上缘紧靠公路,居民的生产生活直接影响该区域。上缘上层 pH 均值为 7.48(变化范围为 6.28~8.55),下层 pH 均值为 7.33(变化范围为 6.25~8.29),这和与之对应的消落带土壤 pH 均值差别不大,多为中性或弱碱性。由图 3.8(a)、图 3.8(b)可看出,XX05 点上层和下层的 pH 最低,分别为 6.74、6.84。消落带上缘 pH 在季节性变化中,上缘上层 pH 变化趋势与下层保持一致。

3.4.2　香溪河消落带上缘土壤总氮的时空分布特征

如图 3.9 所示,消落带上缘上层 TN 含量均值为 635.94 mg·kg^{-1}(变化范围为 153.78~950.38 mg·kg^{-1}),上缘下层 TN 含量均值为 606.14 mg·kg^{-1}(变化范围为 182.35~1098.20 mg·kg^{-1}),上缘上层 TN 含量大于下层,且均在 XX04 点最低。从整体看,消落

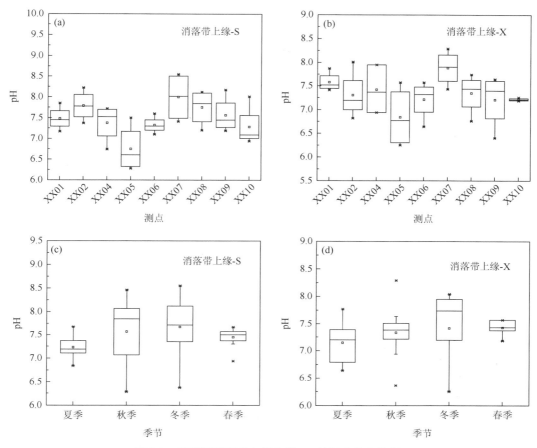

图 3.8　香溪河消落带上缘土壤 pH 的时空分布特征

带上缘 TN 含量小于消落带，这可能是雨水冲刷的原因。消落带上缘上层与下层 TN 含量沿程变化趋势一致，且上下游 TN 含量大于中游。消落带上缘上层 TN 含量随季节变化与下层一致。消落带与其上缘的 TN 含量均在夏季达到最大，春季最低，TN 主要来自农业面源污染[39]。

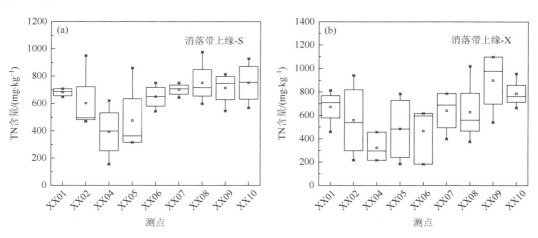

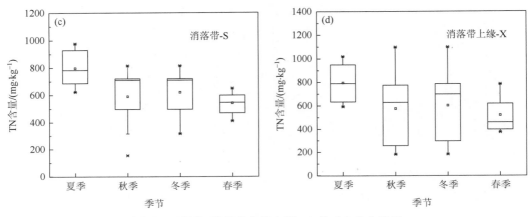

图 3.9　香溪河消落带上缘土壤 TN 的时空分布特征

3.4.3　香溪河消落带上缘土壤速效氮的时空分布特征

由图 3.10 可知，消落带上缘上层与下层速效氮含量沿程变化显著。上缘上层速效氮含量均值为 162.74 mg·kg^{-1}（变化范围为 83.4～556.23 mg·kg^{-1}），上缘下层速效氮含量均

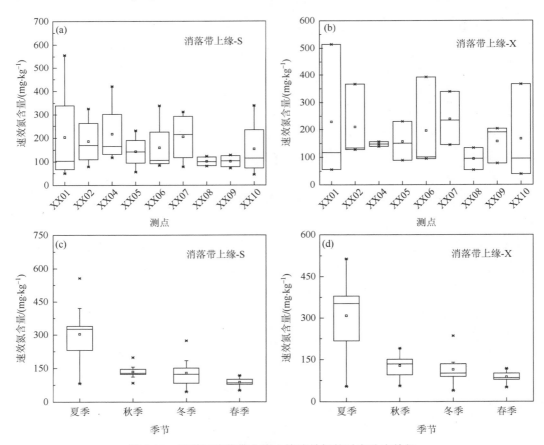

图 3.10　香溪河消落带上缘土壤速效氮的时空分布特征

值为 177.44 mg·kg^{-1}（变化范围为 39.15～514.23 mg·kg^{-1}），消落带速效氮含量低于上缘土壤速效氮含量，速效氮值异质点较多，说明受人为因素影响较大。消落带上缘上层和下层速效氮含量随季节变化规律一致，上缘上层和下层速效氮均在夏季达到最大含量，分别为 162.97 mg·kg^{-1}、159.21 mg·kg^{-1}。消落带上缘土壤速效氮含量变化规律与消落带土壤类似。

3.4.4　香溪河消落带上缘土壤总磷的时空分布特征

香溪河消落带上缘多数在种植区域内，从图 3.11 可以看出，消落带上缘上层 TP 含量均值为 442.54 mg·kg^{-1}（变化范围为 126.73～1244.77 mg·kg^{-1}），下层土壤 TP 含量均值为 523.83 mg·kg^{-1}（变化范围为 94.13～1304.42 mg·kg^{-1}）。上缘上层土壤 TP 含量均值小于消落带 TP 含量均值，可能原因是上缘土壤受雨水冲刷，表层的磷素流向消落带区域。其中，XX01、XX02 的数值波动比较大，从土地使用情况分析，此样点周边属于居民生活区，人为影响较大，各样点下层 TP 含量沿程变化与上层类似。夏季各样点 TP 含量变异系数相对最小，可能原因在于夏季雨水充足，使得磷的面源污染较大。

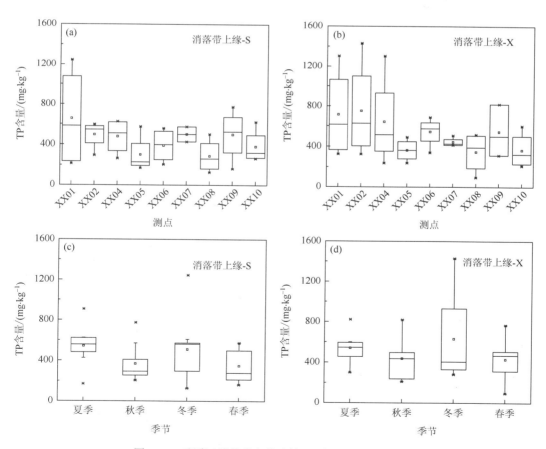

图 3.11　香溪河消落带上缘土壤 TP 的时空分布特征

3.5 香溪河库湾沉积物与全国库湾沉积物的氮、磷污染对比

周怀东等在《全国河流湖泊水库底泥污染状况调查评价报告》中对国内 658 个库湾污染状况设定了评价标准[40]。香溪河库湾沉积物氮、磷污染状况评价标准见表 3.3，全国河流湖泊沉积物氮、磷污染状况见表 3.4。全国库湾沉积物污染中 60.0%的 TP 和 68.3%的 TN 处于一级断面；27.5%的 TP 和 15.0%的 TN 处于二级断面；7.6%的 TP 和 5.7%的 TN 处于三级断面；4.9%的 TP 和 11.0%的 TN 处于四级断面。

表 3.3 香溪河库湾沉积物氮、磷污染状况评价标准[40] （单位：mg·kg⁻¹）

评价标准	一级断面	二级断面	三级断面	四级断面
TN	TN<1100	1100~1600	1600~2000	>2000
TP	TP<730	730~1100	1100~1500	>1500

表 3.4 全国河流湖泊水库沉积物氮、磷污染状况[40]

评价指标	全国调查断面个数/个	一级断面/%	二级断面/%	三级断面/%	四级断面/%
TN	619	68.3	15.0	5.7	11.0
TP	658	60.0	27.5	7.6	4.9

结果表明，香溪河沉积物监测所选 5 个断面中，TN 含量的范围为 616.72~865.18 mg·kg⁻¹，均属于一级断面。CJXX 点 TP 含量为 811.24 mg·kg⁻¹，XX01 点 TP 含量为 844.16 mg·kg⁻¹，XX04 点 TP 含量为 1726.29 mg·kg⁻¹，XX06 点 TP 含量为 1515.47 mg·kg⁻¹，XX08 点 TP 含量为 1305.74 mg·kg⁻¹，多数属于三、四级断面，香溪河沉积物 TP 的污染情况高于 TN。

3.6 香溪河沉积物中磷释放的环境风险

沉积物氮、磷营养盐向上层水体释放过程与沉积物-水界面的营养物质交换关系密切，上覆水与间隙水的磷含量存在明显差异，存在由高浓度向低浓度的扩散作用[41]。因此，根据上覆水与间隙水的磷浓度梯度及理化性质研究沉积物-水界面磷的扩散通量具有重要意义。通过菲克（Fick）第一定律[42]即可估算沉积物-水界面磷的扩散通量，其公式为

$$J_s = -\Phi \cdot D_s \cdot (\partial c / \partial x)_{x=0} \qquad (3.1)$$

式中，J_s 为分子扩散通量，mg·(m²·d)⁻¹；Φ 为沉积物孔隙度，%；D_s 为表层沉积物中物质扩散系数，cm²·s⁻¹；$(\partial c / \partial x)_{x=0}$ 为沉积物-水界面处浓度梯度，实际应用中可用线性浓度梯度表示，mg·L⁻¹·cm⁻¹。本书采用 2016 年冬季沉积物-水界面的 0~6 cm 深处间隙水与上覆水中 TP 浓度差值估算。

孔隙度可用式（3.2）来计算：

$$\Phi = (W_{\text{w}} - W_{\text{d}}) \cdot 100\% / [(W_{\text{w}} - W_{\text{d}}) + W_{\text{d}} / 2.5] \tag{3.2}$$

式中，W_{w}、W_{d} 分别为沉积物的湿重与干重，mg；2.5 为沉积物湿密度与水浓度比值的平均值[43]。

表层沉积物中物质扩散系数 D_{s} 可由经验公式计算得到：

$$D_{\text{s}} = \Phi D \quad (\Phi < 0.7) \tag{3.3}$$

$$D_{\text{s}} = \Phi^2 D \quad (\Phi > 0.7) \tag{3.4}$$

$$D = 6.12 + 0.16 \cdot (T - 25) \tag{3.5}$$

式中，Φ 为沉积物孔隙度；D 为无限稀释溶液的理想扩散系数。不同温度下营养盐的理想扩散系数 D 可由 25℃时的理想扩散系数换算得到（上覆水温度），其中 $PO_4^{3-}\text{-P}$ 在 25℃ 时的理想扩散系数[44]为 $6.12 \times 10^{-6} \text{cm}^{-2} \cdot \text{s}^{-1}$。2016 年冬季沉积物不同样点磷的扩散通量计算结果见表 3.5（其中自沉积物向上覆水扩散时为正值，自上覆水向沉积物沉积时为负值）。

表 3.5　磷释放通量

采样点	拟合曲线	相关系数	$\partial c / \partial x$	Φ	$D_{\text{s}}/(\times 10^{-6}\text{cm}^2 \cdot \text{s}^{-1})$	$J_{\text{s}}/[\text{mg} \cdot (\text{m}^2 \cdot \text{d})^{-1}]$
CJXX	$y = 0.2551\exp(-0.316x)$	0.96	−0.0806	0.61	3.307	0.140
XX01	$y = 01426\exp(-0.097x)$	0.96	−0.0138	0.61	3.331	0.024
XX04	$y = 0.2619\exp(-0.114x)$	0.95	−0.0298	0.59	3.199	0.049
XX06	$y = 2406\exp(-0.119x)$	0.82	−0.0286	0.55	2.980	0.041
XX08	$y = 0.2406\exp(-0.299x)$	0.90	−0.0713	0.53	2.860	0.093

由表 3.5 可以看出，2016 年冬季各样点相关系数 $R^2 > 0.82$，指数拟合效果理想。各样点沉积物扩散通量均值为 $0.069 \text{ mg} \cdot (\text{m}^2 \cdot \text{d})^{-1}$（变化范围为 $0.024 \sim 0.140 \text{ mg} \cdot (\text{m}^2 \cdot \text{d})^{-1}$），均表现为磷"源"，向上层水体释放磷，在控制外源磷污染的同时，内源磷对水体的富营养化影响显著且下游释放通量更高。通过与近几年国内相关研究的湖库磷扩散通量成果进行比较发现，香溪河沉积物磷的扩散通量比长江上游其他支流高[45]，但比滇池、太湖要低很多[46, 47]。内源释放对三峡库区水体磷超标及水体富营养化的影响不可忽略，同时造成营养盐扩散通量高的原因还包括沉积物类型、孔隙度、溶解氧渗透深度、季节因素等[48]。

3.7　本 章 小 结

（1）香溪河间隙水 TN、TP 含量明显高于上覆水，巨大的 TN、TP 浓度差会导致上层水体中氮、磷含量增加。香溪河沉积物所选 5 个监测断面中，TN 的范围均属于一级断面，TP 多数属于三、四级断面，香溪河沉积物 TP 的污染情况高于 TN。

（2）2016 年冬季各样点沉积物扩散通量均值为 $0.069 \text{ mg} \cdot (\text{m}^2 \cdot \text{d})^{-1}$[变化范围为 $0.024 \sim 0.140 \text{ mg} \cdot (\text{m}^2 \cdot \text{d})^{-1}$]均表现为磷"源"，有向上层水体释放磷的风险，内源磷对水

体的富营养化影响显著且下游释放通量更高。

（3）香溪河消落带及上缘土壤 TN、速效氮、TP 含量较高，异常值较多，受人类活动影响强烈，区域差异明显。海拔 145 m、155 m 的土壤 TN、速效氮、TP 含量都大于平均值，消落带及上缘土壤中的氮、磷被雨水冲刷向下转移，消落带淹水后，其土壤有向水体释放氮、磷的风险。

参 考 文 献

[1] Zhang Q F, Lou Z P. The environmental changes and mitigation actions in the Three Gorges Reservoir region, China[J]. Environmental Science & Policy, 2011, 14（8）: 1132-1138.

[2] 李凤清, 叶麟, 刘瑞秋, 等. 三峡水库香溪河库湾主要营养盐的入库动态[J]. 生态学报, 2008, 28（5）: 2073-2079.

[3] Yang S L, Milliman J D, Xu K H, et al. Downstream sedimentary and geomorphic impacts of the Three Gorges Dam on the Yangtze River[J]. Earth-Science Reviews, 2014, 138: 469-486.

[4] 宋林旭, 刘德富, 崔玉洁. 三峡库区香溪河流域非点源氮磷负荷分布规律研究[J]. 环境科学学报, 2016, 36（2）: 428-434.

[5] Wang S R, Jin X C, Zhao H C, et al. Phosphorus release characteristics of different trophic lake sediments under simulative disturbing conditions[J]. Journal of Hazardous Materials, 2009, 161（2-3）: 1551-1559.

[6] 国家环境保护总局. 水和废水监测分析分析方法[M]. 第四版. 北京: 中国环境科学出版社, 2002.

[7] 宋洪旭. 环境因素及两种藻类对刺参养殖池塘沉积物营养盐释放的影响[D]. 烟台: 烟台大学, 2015.

[8] 王颖, 沈珍瑶, 呼丽娟, 等. 三峡水库主要支流沉积物的磷吸附/释放特性[J]. 环境科学学报, 2008, 28（8）: 1654-1661.

[9] 韩沙沙, 温琰茂. 富营养化水体沉积物中磷的释放及其影响因素[J]. 生态学杂志, 2004, 23（2）: 98-101.

[10] 张修峰, 李传红. 大气氮湿沉降及其对惠州西湖水体富营养化的影响[J]. 中国生态农业学报, 2008, 16（1）: 16-19.

[11] 杨正健, 刘德富, 纪道斌, 等. 三峡水库 172.5 m 蓄水过程对香溪河库湾水体富营养化的影响[J]. 中国科学: 技术科学, 2010, 40（4）: 358-369.

[12] 李哲, 郭劲松, 方芳, 等. 三峡水库小江回水区不同 TN/TP 水平下氮素形态分布和循环特点[J]. 湖泊科学, 2009, 21（4）: 509-517.

[13] 李欣, 纪道斌, 宋林旭, 等. 香溪河沉积物-水界面的营养盐交换特征[J]. 环境科学研究, 2017, 30（8）: 1212-1220.

[14] 时丹, 丁士明, 许笛, 等. 利用薄膜扩散平衡技术分析沉积物间隙水溶解态反应性磷[J]. 湖泊科学, 2009, 21（6）: 768-774.

[15] 梁东, 钟艳霞, 杨丽芳, 等. 鸣翠湖间隙水与上覆水中氮、磷的分布特征研究[J]. 环境污染与防治, 2016, 38（9）: 48-52, 56.

[16] 王岩, 张志勇, 秦红杰, 等. 种养凤眼莲条件下 pH 值对底泥中不同形态磷释放的影响[J]. 南京农业大学学报, 2017, 40（4）: 681-689.

[17] 贺冉冉, 高永霞, 王芳, 等. 天目湖水体与沉积物中营养盐时空分布及成因[J]. 农业环境科学学报, 2009, 28（2）: 353-360.

[18] 史丽琼. 滇池水体及表层沉积物-水界面各形态磷分布特征研究[D]. 昆明: 昆明理工大学, 2011.

[19] Gomez E, Durillon C, Rofes G, et al. Phosphate adsorption and release from sediments of brackish lagoons: pH, O_2 and loading influence[J]. Water Research, 1999, 33（10）: 2437-2447.

[20] 石孝洪. 三峡水库消落区土壤磷素释放与富营养化[J]. 中国土壤与肥料, 2004（1）: 40-42, 44.

[21] 郑志伟, 邹曦, 安然, 等. 三峡水库小江流域消落区土壤的理化性状[J]. 水生态学杂志, 2011, 32（4）: 1-6.

[22] 郭泉水, 康义, 赵玉娟, 等. 三峡库区消落带土壤氮磷钾、pH 值和有机质变化[J]. 林业科学, 2012, 48（3）: 7-10.

[23] 赵宏, 胡兴钢, 张乃明. 怒江中游流域土壤主要肥力指标分析与评价[J]. 中国农学通报, 2017, 33（5）: 47-53.

[24] 詹艳慧, 王里奥, 焦艳静. 三峡库区消落带土壤氮素吸附释放规律[J]. 重庆大学学报（自然科学版）, 2006, 29（8）: 10-13.

[25] 张成虎. 三峡库区香溪河消落带土壤 N、P 时间动态[D]. 宜昌: 三峡大学, 2013.

[26] 袁洁. 汉江流域上游氮污染的时空变化格局及其来源解析[D]. 武汉: 中国科学院武汉植物园, 2017.

[27] 王娅徽, 陈芳清, 张淼, 等. 三峡库区水位消涨对杉木溪消落带土壤性质的影响[J]. 水生态学杂志, 2016, 37（3）: 56-61.

[28] 姜世伟，何太蓉，汪涛，等. 三峡库区消落带农用坡地氮素流失特征及其环境效应[J]. 长江流域资源与环境，2017，26（8）：1159-1168.

[29] 张博，王书航，姜霞，等. 太湖五里湖水体悬浮物中水溶性有机质（WSOM）的荧光光谱组分鉴别及其与氮形态的关系[J]. 湖泊科学，2018，30（1）：102-111.

[30] Alekseeva T，Alekseev A，Xu R K，et al. Effect of soil acidification induced by a tea plantation on chemical and mineralogical properties of Alfisols in Eastern China[J]. Environmental Geochemistry and Health，2011，33（2）：137-148.

[31] Aber J，McDowell W，Nadelhoffer K，et al. Nitrogen saturation in temperate forest ecosystems：hypotheses revisited[J]. BioScience，1998，48（11）：921-934.

[32] 沈雅飞，王娜，刘泽彬，等. 三峡库区消落带土壤化学性质变化[J]. 水土保持学报，2016，30（3）：190-195.

[33] Fang P，Zedler J B，Donohoe R M. Nitrogen vs. phosphorus limitation of algal biomass in shallow coastal lagoons[J]. Limnology and Oceanography，1993，38（5）：906-923.

[34] Johnson M W，Heck K L Jr，Fourqurean J W. Nutrient content of seagrasses and epiphytes in the northern Gulf of Mexico：evidence of phosphorus and nitrogen limitation[J]. Aquatic Botany，2006，85（2）：103-111.

[35] Kleinman P J A，Sharpley A N，Moyer B G，et al. Effect of mineral and manure phosphorus sources on runoff phosphorus[J]. Journal of Environmental Quality，2002，31（6）：2026-2033.

[36] Hartz T K，Johnstone P R. Relationship between soil phosphorus availability and phosphorus loss potential in runoff and drainage[J]. Communications in Soil Science and Plant Analysis，2006，37（11-12）：1525-1536.

[37] 梅裕，毕永红，胡征宇. 环境因子对香溪河库湾淹没土壤磷释放的影响[J]. 环境科学与技术，2012，35（3）：11-15.

[38] 陈思思，张虎才，常凤琴，等. 异龙湖湖泊沉积对流域人类活动的响应[J]. 山地学报，2016，34（3）：274-281.

[39] 王莉，黄懿梅，丁瑶，等. 秦岭北麓小流域地面水质特征及农业面源污染负荷[J]. 西北农林科技大学学报（自然科学版），2015，43（1）：159-168.

[40] 周怀东，郝红，王雨春，等. 全国河流湖泊水库底泥污染状况调查评价报告[R]. 全国水资源综合规划专项，2008.

[41] 黄小平，郭芳，岳维忠. 南海北部沉积物间隙水中营养盐研究[J]. 热带海洋学报，2006，25（5）：43-48.

[42] 高宇璐. 洞庭湖沉积物有效磷的高分辨率分布与释放特征研究[D]. 北京：中国科学院大学，2016.

[43] Urban N R，Dinkel C，Wehrli B. Solute transfer across the sediment surface of a eutrophic lake：I. porewater profiles from dialysis samplers[J]. Aquatic Sciences，1997，59（1）：1-25.

[44] 蒋增杰，方建光，毛玉泽，等. 宁波南沙港养殖水域沉积物-水界面氮磷营养盐的扩散通量[J]. 农业环境科学学报，2010，29（12）：2413-2419.

[45] 牛凤霞，肖尚斌，王雨春，等. 三峡库区沉积物秋末冬初的磷释放通量估算[J]. 环境科学，2013，34（4）：1308-1314.

[46] 王志齐，李宝，梁仁君，等. 南四湖沉积物磷形态及其与间隙水磷的相关性分析[J]. 环境科学学报，2013，33（1）：139-146.

[47] 徐徽，张路，商景阁，等. 太湖水土界面氮磷释放通量的流动培养研究[J]. 生态与农村环境学报，2009，25（4）：66-71.

[48] Ospina-Alvarez N，Caetano M，Vale C，et al. Exchange of nutrients across the sediment-water interface in intertidal ria systems（SW Europe）[J]. Journal of Sea Research，2014，85：349-358.

第4章　香溪河库湾区域重金属时空分布特征

4.1　香溪河库岸带土壤重金属及赋存形态分布特征与相关性研究

香溪河水位随着三峡水库的蓄水而升高，水环境由河流型转变为湖泊型，在回水区形成 4 个紧密联系的区域，即消落带上缘、消落带、水体和沉积物，这些区域间的生态环境相互影响[1-4]。消落带敏感而脆弱，人为因素导致的重金属与有机污染物等在一定条件下进入消落带及上缘土壤中，而重金属在土壤中不易溶解，会长时间保存在土壤中[5]，在水淹的作用下，消落带土壤中的重金属在一定条件下将进入水体，再经过一系列的迁移转化过程沉淀在水体沉积物中[6]，加剧其生态环境问题[7]。目前，针对香溪河流域库岸带的研究主要集中在消落区优势植物对重金属的吸收机制相关方面[8]，单一季节消落带重金属的迁移转化[9]、含量分析[10]相关方面。然而，针对完整的淹水-出露周期中重金属含量的变化规律、潜在生态风险评价相关研究却鲜有报道。

本章采集完整的淹水-出露周期（2016 年 6 月至 2017 年 6 月）的库岸带土壤，测定香溪河库岸带 4 种重金属（Cd、Pb、Cu、Cr）的含量，对其时空分布特征、重金属与部分理化性质的相关性进行分析，并采用潜在风险指数与地质累积指数法对其生态风险进行定量的评价，为研究三峡库区香溪河区域重金属污染状况提供依据。

4.1.1　香溪河库岸带样品采集

从兴山县峡口镇至香溪河汇入长江河口处的秭归县香溪镇的河段上，根据不同的气候、土壤理化值等，选定 9 个具有代表性的样点，样点编号为 XX01～XX10（除了 XX03），每条样带依据海拔从自然状态消落带（海拔为 145～175 m）到消落带上缘（海拔为 175～185 m）设置 5 个高程，海拔分别为 145～150 m、155～160 m、160～165 m、170～175 m、175～185 m，选取深度为 0～20 cm 的表层土壤，采样点分布如图 4.1 所示，样点位置坐标见表 4.1。现场采样时每次采集样品后，清洗采样工具，避免交叉污染。土样在 24 h 内运回实验室，经自然风干后，取出杂质，碾磨后过筛备用。每年的 3 月、6 月、9 月、12 月对各样点进行样品采集。由于淹水高度的不同，每次能采到的样品数也不同。

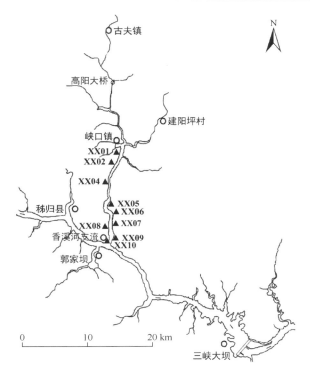

图 4.1   库岸带采样点分布图

表 4.1   库岸带样点位置和坐标

样地名称	距香溪河汇入长江河口距离/km	经度	纬度	周边环境
XX01	18.5	110°27'59"	31°03'57"	陡坡，公路边，紧靠峡口镇，人口密集；
XX02	15.7	110°27'53"	31°03'32"	陡坡，海拔 165 m 以上均为菜园、果园
XX04	12.9	110°26'56"	31°01'44"	玉米地、果树
XX05	8.1	110°27'14"	31°00'39"	树林、灌木丛
XX06	7	110°27'12"	31°00'33"	树林、灌木丛，周边有较大面积的农田，玉米地和果树
XX07	3.3	110°27'31"	30°35'50"	荒地，植被较少
XX08	3.3	110°27'19"	30°35'46"	居民集中区域，耕地菜地
XX09	0.2	110°27'33"	30°34'59"	居民集中区域，耕地菜地
XX10	0.1	110°27'21"	30°34'56"	干支流交界处，荒地，设有一渡口

4.1.2   香溪河库岸带土壤粒径分布

使用粒度分布仪对香溪河库岸带土壤粒径进行分析，结果如图 4.2 所示，香溪河库岸带土壤的平均粒径为 13.10～31.99 μm，粒径最大值出现在 XX01，最小值出现在 XX09，根据土壤不同粒径含量对其粒度进行分析，发现库岸带土壤主要以粉粒（2～50 μm）为主，相比于上游区域，下游土壤中黏粒含量增多。

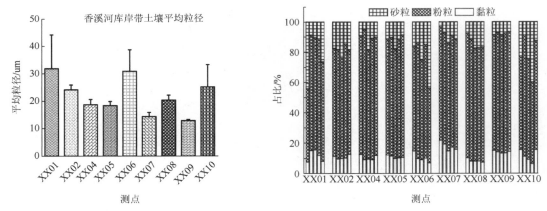

图4.2　香溪河库岸带土壤粒径与粒度分布

4.1.3　香溪河库岸带土壤重金属时空分布特征

1. 消落带土壤重金属时空分布特征

笔者于 2016 年 6 月至 2017 年 6 月对香溪河消落带土壤进行采样检测，以说明香溪河消落带土壤重金属在一个完整淹水-出露周期内的时空变化。按照三峡水库蓄水机制，将 2016 年 6 月、2016 年 9 月、2017 年 3 月和 2017 年 6 月称为淹水前期、淹水后期、出露前期和出露后期。由图 4.3 可看出（图中仅列出几个代表性海拔的重金属含量），对比淹水前期与出露后期，出露后期重金属 Pb 与 Cr 含量在海拔 145 m 呈现升高的趋势，在

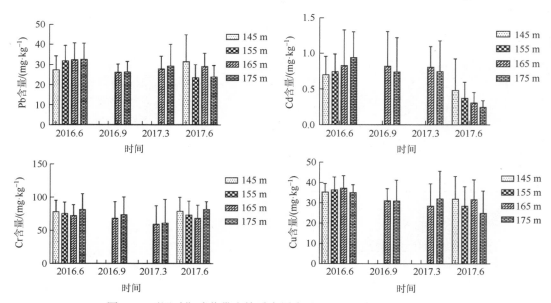

图4.3　不同时期消落带土壤重金属含量（部分样本采样时缺失）

海拔 145 m、155 m、165 m 的重金属 Cu 含量从淹水前期至出露后期没有显著性差异，海拔 175 m 的重金属 Cu 含量显著低于其他 3 个时期。重金属 Cd 含量在出露后期显著低于其他 3 个时期，在出露后期，随着海拔的降低，重金属 Cd 含量逐渐升高。香溪河消落带土壤中 Pb 含量变化范围为 11.92～52.84 mg·kg^{-1}，均值为 28.37 mg·kg^{-1}，低于 Bing 等对库区土壤检测所得含量[11]；Cd 含量变化范围为 0.11～1.87 mg·kg^{-1}，均值为 0.65 mg·kg^{-1}，略低于胥焘等对香溪河消落带土壤的检测结果[12]；Cu 含量变化范围为 8.74～51.43 mg·kg^{-1}，均值为 32.15 mg·kg^{-1}；Cr 含量变化范围为 16.19～137.11 mg·kg^{-1}，均值为 72.09 mg·kg^{-1}。4 种重金属（Pb、Cd、Cu、Cr）的平均含量分别是三峡库区土壤重金属背景值的 1.19 倍、4.86 倍、1.29 倍、0.93 倍，各重金属含量具有较大的偏差，表明存在一定的人为影响。

　　消落带土壤中重金属的空间变化如图 4.4 所示。由图 4.4 可看出，沿香溪河库湾，上下游地区重金属 Cd、Cu、Pb 总量高于中部地区，这与周怀东等[13]的研究一致，Cd 含量的最大值出现在 XX06，Pb 含量的最大值出现在 XX09。可能原因在于上游地区紧靠峡口镇且设有一运货码头，生活污染及磷矿加工废水导致重金属含量较高；香溪河下游靠近河口，水流变缓，水体中的重金属在悬浮颗粒的吸附絮凝作用下沉积在土壤中致使重金属含量升高，Cr 含量沿着河流呈现一定程度降低的趋势。图 4.4 中各个箱形图均出现了异常值，说明消落带土壤中重金属含量受人为因素影响。

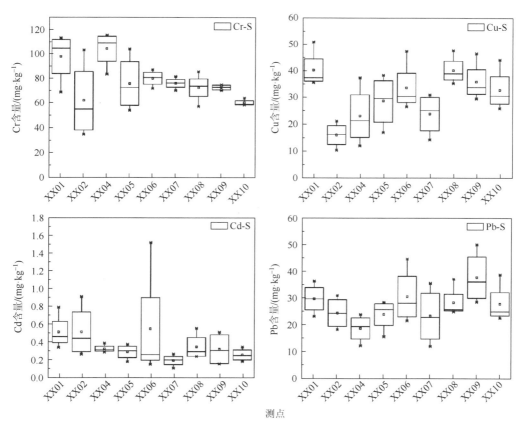

图 4.4　消落带土壤重金属含量的空间变化

2. 消落带上缘土壤重金属时空分布特征

消落带上缘海拔 175～185 m，为不淹水的区域，香溪河消落带上缘区域靠近公路，种植着大量的农作物，因此人为因素影响更大。从图 4.5 可以看出，随着季节的变化，Cd 含量变化显著，在淹水后期达到最大，平均值为 0.81 mg·kg^{-1}，出露后期最小，为 0.34 mg·kg^{-1}。Cd 含量在不同时期的变异性最大，说明各季节 Cd 的污染源不尽相同。Pb 与 Cu 含量随着时间的变化，呈现逐渐下降的趋势。Cr 经过一个淹水周期，其含量变化并不明显，这是由于土壤中 Cr 的含量主要是由成岩时期土质所决定的[14]。

通过一个淹水-出露周期的监测结果，从图 4.6 可知，土壤中 Pb、Cd、Cu、Cr 含量的平均值分别为 28.63 mg·kg^{-1}、0.61 mg·kg^{-1}、31.61 mg·kg^{-1}、72.14 mg·kg^{-1}，除了 Cr，其余重金属含量均高于背景值，Pb 含量的变化范围为 1.23～70.09 mg·kg^{-1}，Cd 含量的变化范围为 0.11～1.30 mg·kg^{-1}，Cu 含量的变化范围为 11.37～45.11 mg·kg^{-1}，Cr 含量的变化范围为 19.15～131.12 mg·kg^{-1}。Cd 含量在 XX01 与 XX02 较高，可能原因在于这两个点位靠近峡口镇，人口较为密集，受到的污染较为严重。

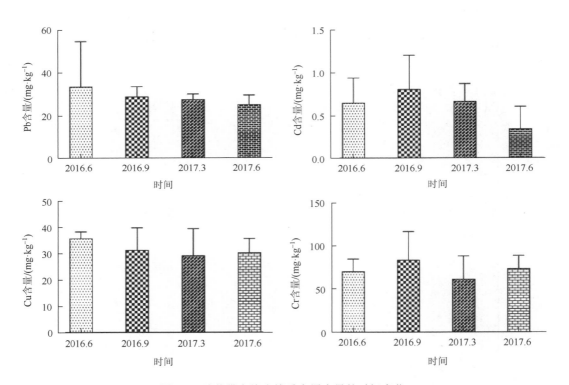

图 4.5　消落带上缘土壤重金属含量的时间变化

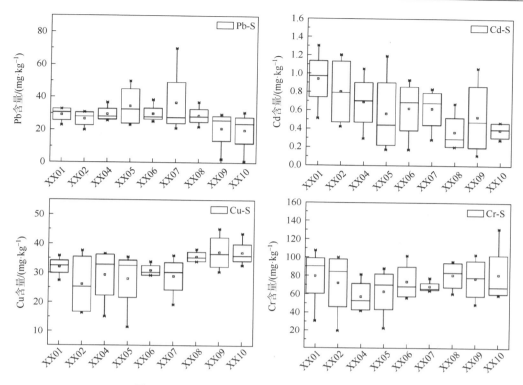

图 4.6　消落带上缘土壤重金属含量的空间变化

4.1.4　香溪河库岸带土壤重金属赋存形态分布特征

1. 库岸带土壤重金属赋存形态的分布特征

表 4.2 列出了 2016 年 6 月在香溪河库岸带采集的土壤样品的重金属赋存形态所占百分比，共 50 个土壤样品的逐级提取结果，2016 年 6 月库岸带各样点土壤中重金属赋存形态的比例见图 4.7。

表 4.2　库岸带土壤中重金属赋存形态所占百分比的统计数据（%）

重金属	重金属赋存形态	平均值	最小值	最大值	重金属	重金属赋存形态	平均值	最小值	最大值
	F1	—	—	—		F1	9.44	2.38	27.23
	F2	12.93	7.90	20.22		F2	2.33	1.10	3.68
Pb	F3	25.73	20.86	30.77	Cd	F3	4.27	1.93	23.98
	F4	37.34	7.33	41.99		F4	7.13	3.66	15.05
表层土	F5	34.00	16.01	51.25		F5	76.41	52.93	87.53
	F1	0.56	0.00	1.01		F1	0.10	0.01	0.19
	F2	1.57	0.23	2.76		F2	0.18	0.05	0.58
Cu	F3	13.41	5.68	23.62	Cr	F3	3.43	0.33	9.97
	F4	8.35	4.22	14.84		F4	2.92	0.35	6.40
	F5	76.11	59.06	88.73		F5	93.53	84.22	97.58

重金属	重金属赋存形态	平均值	最小值	最大值	重金属	重金属赋存形态	平均值	最小值	最大值
下层土	F1	—	—	—	Cd	F1	6.95	0.18	21.59
	F2	12.83	1.66	21.26		F2	2.46	0.50	16.51
Pb	F3	35.37	21.99	44.65		F3	2.98	0.17	7.54
	F4	7.71	2.07	21.64		F4	7.07	4.30	22.15
	F5	44.08	26.95	61.69		F5	80.54	51.96	88.91
	F1	0.50	0.21	0.68	Cr	F1	0.09	0.02	0.18
	F2	1.01	0.10	2.32		F2	0.18	0.03	0.68
Cu	F3	12.92	6.04	17.94		F3	4.65	0.35	13.21
	F4	5.70	2.86	14.68		F4	2.93	0.01	5.65
	F5	80.28	68.28	90.35		F5	92.14	80.44	99.36

注：可交换态（F1）、碳酸盐结合态（F2）、铁锰氧化物结合态（F3）、有机结合态和硫化物结合态（F4）、残渣态（F5）。

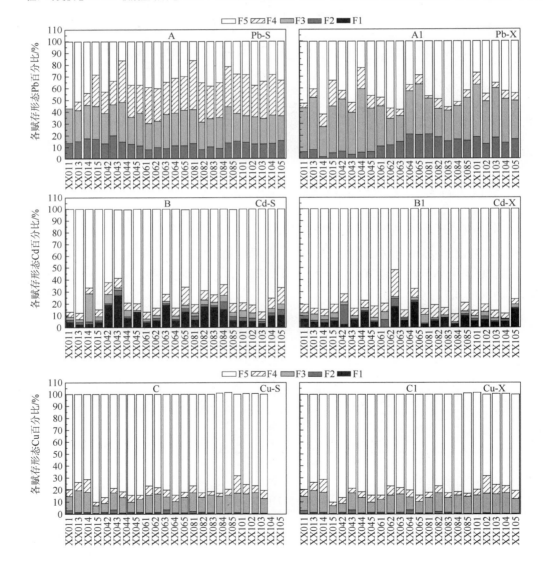

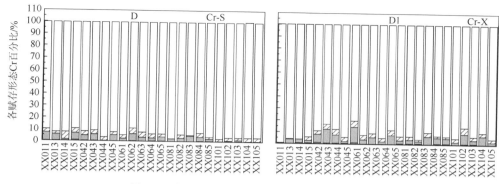

图 4.7　库岸带土壤重金属形态分布比例（%）

前 4 步提取之和，即 F1 + F2 + F3 + F4，代表重金属中活性态成分之和，5 步之和表示逐级提取的总和（SUM），与第 4 章土壤中重金属总量进行对比，可得逐级提取的回收率，由计算结果可知，大部分重金属元素的回收率为 75%～120%，仅有少量样点的回收率过低（最低 62%）或者过高（最高 148%），表明本书研究结果可信。

从图 4.7 香溪河库岸带土壤重金属形态分析可看出，不同类型重金属在土壤中的赋存形态各不相同：土壤中 Pb 以残渣态和铁锰氧化物结合态为主要存在形态，表层土残渣态 Pb 含量达到 16.01%～51.25%，下层土 Pb 含量达 22.28%～61.69%，可交换态以石墨法未检出，表层土碳酸盐结合态占 7.90%～20.22%；上层土中 Pb 的铁锰氧化物结合态（可还原态）为 20.86%～33.50%，有机结合态和硫化物结合态（可氧化态）为 7.33%～41.99%。这和前人的研究结果相似[15, 16]，他们认为含水铁氧化合物对捕获沉积物中的 Pb 有重要作用，可还原态的 Fe、Mn 和 Pb 具有极显著的相关性。活性总比例最高的样点在 XX065，比例为 83.99%。有机结合态和硫化物结合态 Pb 所占比例在 4 种重金属元素中最高，而沉积物中有机结合态和硫化物结合态 Pb 的比例很小。对于 Pb，F2 的最大值出现在样点 XX014，含量为 8.77 mg·kg^{-1}；F3 的最大值出现在样点 XX014，含量为 13.98 mg·kg^{-1}；F4 的最大值出现在样点 XX081，含量为 15.80 mg·kg^{-1}；F5 的最大值出现在样点 XX012，含量为 36.39 mg·kg^{-1}。

下层土的 Pb 有机结合态和硫化物结合态明显比表层土低得多（图 4.7），与第 3 章的有机质含量有关，表层土的有机质含量要高于下层土，影响了有机质结合态；下层土的碳酸盐结合态明显低于上层土，一般碳酸盐主要存在于表层土壤中。上游样点 XX01 的有机结合态和硫化物结合态比例最低，这与土壤中有机质含量分布有关。Pb 的碳酸盐结合态、铁锰氧化物结合态、有机结合态和硫化物结合态所占比例在 4 种金属元素中最高。铁锰氧化物结合态与有机结合态和硫化物结合态比例均值接近，碳酸盐结合态和铁锰氧化物结合态的最大值均出现在样点 XX014。

由图 4.7 可知，在检测的所有样点中，元素 Pb 铁锰氧化物结合态、有机结合态和硫化物结合态所占比例超过 60%，说明土壤中 Pb 的迁移性主要依赖这两个部分，而且铁锰氧化物结合态在缺氧环境下可释放，淹水期会溶解析出，因而具有较高的潜在危害性[17]，Pb 对水生有机体和鱼类具有很强的毒性。随土壤中总 Pb 含量增高，其总可交换态也升高，此现象表明其在高含量样品中具有潜在的生物毒性效应。

　　图 4.7 说明，消落带土壤中 Cd 活性态主要以可交换态、有机结合态和硫化物结合态的形态存在，稳定性最差的可交换态反映了夏季人类排污的影响，有机物结合态是水生生物活动及人类排放富含有机物的污水的结果。可交换态含量高说明对生物的毒性作用较强。碳酸盐结合态以及铁锰氧化物结合态最低，表层土残渣态的含量为 52.93%~87.53%，下层土残渣态的含量为 51.96%~88.91%。相对于其他 3 种重金属，Cd 的可交换态含量比例最高，表层土 Cd 可交换态的含量变化范围为 2.38%~37.74%，下层土的可交换态要低一些，变化范围处于 2.20%~21.59%，说明了可交换态主要受人类排污的影响，不同样点的可交换态差异很大。从高程变化趋势来看，大多数样点的可交换态比例大的样点主要集中在海拔 165 m 左右。上游样点 XX01 的可交换态比例最低，此样点在峡口镇附近，原因可能是附近居民集中，排污主要以生活污水为主，中游样点 XX043、XX063 可交换态含量相对较高，分别为 0.16 mg·kg^{-1} 和 0.14 mg·kg^{-1}，周边有大面积的农田，种植玉米和果树，施肥和农药使用频率相对较高。

　　表层土残渣态 Cu 含量达到 59.06%~88.73%，下层土 68.28%~90.35%（表 4.2），活性成分中以铁锰氧化物结合态、有机结合态和硫化物结合态为主。由图 4.7 可以看出，可交换态和碳酸盐结合态比例最低，活性态 Cu 以铁锰氧化物结合态为主，比例平均值达到了 13.41%，最大值达到了 23.62%，上下游比中游的铁锰氧化物结合态含量高。根据前人的研究[18]，有机物在与二价金属离子结合时显示出较高的选择性，有机物与金属的结合强度 Cu>Pb，本书中库岸带腐殖质与重金属的螯合顺序为 Pb>Cu>Cd>Cr，与沉积物中有机物吸持 Cu 最强的结果不同。

　　Cu 的铁锰氧化物结合态、有机结合态和硫化物结合态含量最大的样点都在 XX102（图 4.7），分别为 8.94 mg·kg^{-1} 和 5.62 mg·kg^{-1}，最小值出现在样点 XX014。残渣态含量最大的样点在 XX012，为 35.76 mg·kg^{-1}。Cu 的可交换态最小含量低于检测限，出现在 XX064。5 种形态中所占比例排序各样点基本相同，为残渣态>铁锰氧化物结合态>有机结合态和硫化物结合态>碳酸盐结合态>可交换态。

　　残渣态 Cr 含量占比较大，表层残渣态含量达到84.22%~97.75%，下层土为83.48%~99.36%（表 4.2）。活性成分很低，以铁锰氧化物结合态、有机结合态和硫化物结合态为主，可交换态和碳酸盐结合态几乎低于检出限，所占比例分别为0.10%和0.18%，铁锰氧化物结合态、有机结合态和硫化物结合态所占比例接近，分别为2.92%和3.43%，含量范围分别为 0.38~8.08 mg·kg^{-1} 和 0.37~5.23 mg·kg^{-1}，含量最高值都出现在样点 XX01。从区域上看，5 个点位共 50 个样点，Cr 含量在形态间的分布模式基本相同，均为残渣态>有机结合态和硫化物结合态>铁锰氧化物结合态>碳酸盐结合态>可交换态，个别样点是残渣态>铁锰氧化物结合态>有机结合态和硫化物结合态>碳酸盐结合态>可交换态。

　　残渣态是赋存于矿物晶格中的形态，形态稳定，生态风险低，因此消落带 Cr 对水体影响较小，生态风险较低，生物有效性最低，通过检测的消落带植物富集重金属的特征也证明了这一点。Cd 的可交换态含量高，生物有效态最高，通过食物链富集而影响人群健康的危害大。

　　Cd 的可交换态含量相对较高，平均值达到了 9.86%，最高值超过了 30%，Pb 的铁锰氧化物和碳酸盐结合态比例很高，平均值超过了总量的 38%。可交换态和铁锰氧化物结合态迁移性强，可以直接被生物利用，因此可能对食物链产生较大的影响。

Pb 的铁锰氧化物结合态所占总量比例相对较高（25.73%左右），表明铁锰氧化物对 Pb 有较强的结合能力。铁锰氧化物结合态被酸雨淋溶容易浸出，淹水时处于厌氧环境，铁锰氧化物结合态的 Pb 容易析出，所以 Pb 潜在的生物危险性比较大。有必要高度关注库岸带土壤中重金属元素 Pb 和 Cd，严格控制它们在土壤中的含量，以防对库区水体造成污染。

重金属有效态比例增加，意味着重金属在土壤中的活性增加，将对农产品安全产生潜在危害。香溪河库岸带土壤中 Pb、Cd、Cu、Cr 的有效性系数分别为 66%、23.59%、23.89%、6.47%，比国内一般良田土和菜园土有效态重金属所占的比例[19]高。香溪河库岸带土壤中 Cr 的有效性系数最低，土壤中活性最低，对耕种区域农产品安全的潜在危险也最小。

2. 消落带与上缘土壤重金属赋存形态的对比

研究团队于 2016 年 6 月对海拔 145 m 消落带出露土壤与海拔 185 m 从未淹水的土壤的重金属形态含量进行配对 T 检验。Pb 的 5 种赋存形态的含量没有显著差异（$p>0.05$），但显著相关（$r=0.988$，$p<0.01$）；Cd 的 5 种赋存形态的含量没有显著差异（$p>0.05$），但显著相关（$r=0.908$，$p<0.01$）；Cr 的 5 种赋存形态的含量没有显著差异（$p>0.05$），但显著相关（$r=0.966$，$p<0.01$），说明两个海拔土壤中各形态 Pb、Cd 和 Cr 的来源具有同源性。Cu 的 5 种赋存形态的含量在两个海拔之间具有显著性差异（$p<0.05$），并且显著相关（$r=0.981$），说明经历了淹水过程的海拔 145 m 的重金属 Cu 和从未淹水的海拔 185 m 的重金属 Cu 形态有显著差异，淹水的影响不可忽略，同时也说明这两个海拔土壤中各形态 Cu 的来源具有同源性。4 种重金属的总量在不同海拔（145 m 和 185 m）土壤中没有明显差异（$p>0.05$），两个海拔的重金属之间也没有显著相关性。

3. 库岸带土壤中重金属赋存形态的季节变化

因为 2016 年 2 月只对海拔 175 m、185 m 进行采样，所以将 2016 年 2 月和 2016 年 6 月这两个海拔的土壤中重金属 5 种形态进行对比，结果见表 4.3。对春、夏季消落带 Pb、Cd、Cu 和 Cr 活性态含量的平均值分别进行对比，在海拔 175 m 消落带，夏季重金属 Pb、Cd、Cu 的活性态略高于春季。

对春、夏季重金属形态进行配对 T 检验，海拔 175 m 的春、夏季 Pb 各赋存形态差异显著（$p<0.01$），相关性不显著；Cd、Cu 和 Cr 各赋存形态没有显著差异，显著相关（$p<0.01$），相关系数分别为 0.934、0.924 和 0.991。海拔 185 m 的春、夏季 Pb 各赋存形态显著差异（$p<0.01$），相关性不显著；Cd、Cu 和 Cr 各赋存形态没有显著差异，显著相关（$p<0.01$），相关系数分别为 0.779、0.996 和 0.949。结果表明，Pb 赋存形态的季节变化差异显著，夏季活性态 Pb 显著高于春季，春、夏季活性态 Pb 的来源不同；Cd、Cu 和 Cr 各赋存形态季节变化不明显，春、夏季 Cd、Cu 和 Cr 各赋存形态来源具有同源性。

春季消落带重金属 Cd 的 5 种形态的变异性明显低于消落带上缘土壤，与总溶全量的变异性相比，重金属 Cd 和 Cu 有效态含量变异性明显更高，春季的有效态 Cd（57.6%）和 Cu（63.4%）变异性最大（表 4.3）。重金属有效态变异系数较大，一方面与各样点土壤重金属全量含量不同有关；另一方面与不同取样点周边环境的差别有关，尤其是在有农田的区域，施肥、农药残留和耕种方式等使重金属在土壤中的形态及溶解度存在较大不同而造成变异系数的差别。

表 4.3　不同季节库岸带土壤重金属赋存形态含量　　　　　（单位：mg·kg^{-1}）

区域	重金属	F1	F2	F3	F4	F5	活性态
2016 年 2 月 消落带	Pb	0.03±0.05/1.41	0.04±0.04/0.89	2.65±1.08/0.41	1.63±0.77/0.47	13.62±2.24/0.16	4.32±1.86/0.43
	Cd	0.035±0.020/0.58	0.009±0.004/0.46	0.026±0.005/0.21	0.006±0.001/0.18	0.487±0.145/0.30	0.073±0.026/0.36
	Cu	0.07±0.06/0.84	0.16±0.17/1.07	1.65±0.64/0.39	1.34±0.44/0.33	22.58±2.30/0.10	3.19±1.17/0.37
	Cr	—	0.11±0.04/0.41	0.89±0.50/0.57	8.02±2.04/0.25	72.38±7.71/0.11	9.02±2.40/0.27
2016 年 2 月 上缘	Pb	0.04±0.03/0.71	0.01±0.01/1.41	3.65±1.48/0.41	1.10±0.40/0.37	12.56±3.86/0.31	4.78±1.84/0.38
	Cd	0.028±0.020/0.70	0.012±0.008/0.69	0.029±0.013/0.45	0.006±0.005/0.84	0.575±0.274/0.48	0.073±0.041/0.57
	Cu	0.09±0.09/1.01	0.63±0.70/1.10	1.85±0.79/0.43	1.27±0.88/0.69	21.87±4.28/0.20	3.80±2.38/0.63
	Cr	—	0.13±0.04/0.27	0.82±0.37/0.45	8.13±1.62/0.20	71.81±8.67/0.12	9.09±1.49/0.16
2016 年 6 月 消落带	Pb	—	6.19±1.74/0.28	12.68±2.20/0.17	13.12±1.74/0.13	14.16±1.88/0.13	31.99±4.14/0.13
	Cd	0.043±0.010/0.23	0.013±0.005/0.40	0.073±0.098/1.36	0.045±0.006/0.13	0.528±0.094/0.18	0.173±0.093/0.54
	Cu	0.18±0.05/0.28	0.32±0.21/0.68	3.08±0.92/0.30	2.17±0.49/0.23	22.35±4.60/0.21	5.70±1.51/0.27
	Cr	0.07±0.03/0.51	0.23±0.14/0.63	1.15±1.33/1.15	3.32±1.44/0.43	84.09±12.47/0.15	4.39±2.25/0.51
2016 年 6 月 上缘	Pb	—	5.42±1.88/0.35	10.33±0.41/0.04	12.76±3.53/0.28	14.48±6.00/0.41	28.51±4.16/0.15
	Cd	0.053±0.032/0.61	0.010±0.008/0.82	0.018±0.010/0.55	0.043±0.010/0.23	0.435±0.266/0.61	0.125±0.034/0.27
	Cu	0.17±0.10/0.57	0.31±0.23/0.72	2.79±0.49/0.18	2.39±0.75/0.31	21.71±2.88/0.13	5.67±1.44/0.25
	Cr	0.13±0.05/0.41	0.24±0.29/1.24	3.81±2.98/0.78	3.02±1.16/0.38	91.24±17.49/0.19	7.19±4.12/0.57

注：表中数据为平均值±SD/CV；—表示未检出。

4.1.5　香溪河库岸带土壤重金属与理化性质的相关性分析

土壤理化性质的差异影响着重金属的地球化学行为[20, 21]，同时，因为地球化学条件的相似性以及土壤中重金属污染源的共存性，使得土壤重金属在总量上存在一定的相关性[22]。运用 SPSS 20.0 软件对香溪河消落带样品中 4 种重金属含量及部分理化性质进行相关性分析，得到香溪河库岸带土壤中各指标间的相关性，见表 4.4。由表 4.4 可知，TP 与 Cd 在 0.05 水平上呈显著正相关，Pb 与 Cu 在 0.01 水平上呈极显著正相关，Pb 与 Cr 在 0.05 水平上呈显著负相关，说明土壤中磷的含量确实影响着 Cd，从另一个侧面也反映了磷矿的开采对土壤中 Cd 的贡献，同时香溪河沿岸种植着大批农作物，季节性的施肥以及农药的喷洒对香溪河土壤中重金属含量有很大的贡献[23]，土壤中重金属存在复合污染的可能，而粒径与重金属间不存在显著相关关系。

表 4.4　香溪河库岸带土壤中各指标间的相关性

类别	Pb	Cd	Cu	Cr	TN	粒径	TP
Pb	1						
Cd	0.289	1					

续表

	Pb	Cd	Cu	Cr	TN	粒径	TP
Cu	0.542**	0.175	1				
Cr	−0.319*	0.023	−0.146	1			
TN	−0.530	0.096	0.061	−0.055	1		
粒径	0.238	0.022	−0.023	−0.180	−0.070	1	
TP	−0.119	0.367*	−0.039	−0.047	0.060	0.033	1

注: *表示 $p<0.05$, 显著相关; **表示 $p<0.01$, 极显著相关。

4.2　香溪河沉积物重金属及赋存形态分布特征及相关性研究

沉积物在水体环境中有着重要的角色, 沉积物中的重金属在一定的外界条件下会重新释放到水体中, 使得水体再次污染[24], 因而, 沉积物被认为是水环境中重金属等污染物的主要积蓄库[25, 26]。重金属在沉积物与消落带土壤中积累日趋严重[27, 28], 影响到库区水环境质量[29-31], 危害库区水生态及人体健康[32, 33]。研究表明, 在污染水体中, 可检出的重金属含量较低且难以具有代表性, 而沉积物中的重金属可表现出一定的规律性, 能够指标水体中重金属的污染状况[34, 35], 通过沉积物中重金属的含量还可以了解河流污染的历史[36]。

对水体沉积物中重金属总量进行分析可以了解沉积物的污染状况, 但不足之处是重金属的潜在生态危害性无法体现[37]。重金属在不同形态下的环境行为和生态效应具有差异性[38, 39], 重金属在沉积物中的迁移转化、毒性及其潜在环境危害与重金属的赋存形态息息相关[40-42]。

本节采集完整的淹水-出露周期 (2016 年 6 月至 2017 年 6 月) 的沉积物, 测定该区域 4 种重金属 (Cd、Pb、Cu、Cr) 的含量, 分析其时空分布特征, 以 5 步逐级提取法对土壤样品中 Pb、Cu、Cd、Cr 的形态进行分析, 研究沉积物的形态特征, 以获得重金属来源及其活性方面的信息, 采用潜在风险指数与地质累积指数法对其生态风险进行定量评价, 并通过健康风险评价方法对该区域沉积物重金属进行评估, 了解其对人体造成的潜在危害, 为研究三峡库区香溪河流域重金属污染状况提供依据。

4.2.1　香溪河沉积物样品采集

利用 "三峡环研号" 在香溪河流域设站考察, 根据不同水质类别的差异性与岸边周围的环境特点从下游 (香溪河与长江交汇处) 至上游 (平邑口) 共设置 5 个样带, 依次为: ①水库干流与香溪河交汇处 (CJXX); ②三岔沟 (XX01) 接近支流与干流交汇处, 消落带主要为荒地, 上缘有住户, 这两个样点位于香溪河流域下游; ③贾家店 (XX04), 为采样流域中段, 消落带有农业种植, 上缘为林地, 上游的峡口镇是磷矿开采与加工的主要地区; ④峡口 (XX06), 紧靠峡口镇, 居民集中; ⑤平邑口 (XX08), 上游有黄磷矿, XX06 和 XX08 两样点间设有一货运码头与高速口。样点分布见图 4.8, 采样点坐标及距河口的距离见表 4.5，样品采集过程中使用无扰动的沉积物采样器采取柱状样，每个样点按深度不同分为 6 层，分别为 0~3 m、4~6 m、7~9 m、10~12 m、13~15 m、16~18 cm，每个样点取 3 个平行样混合。样品经自然风干，去除植物等杂物后，过 100 目筛，保存备用。

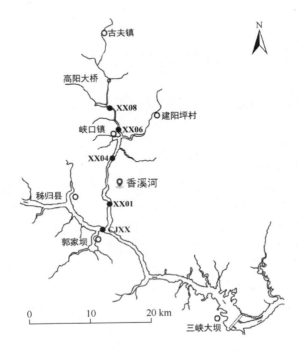

图 4.8　香溪河沉积物样点分布图

表 4.5　沉积物采样点坐标及距河口的距离

样点名称	距香溪河汇入长江河口距离/km	经度	纬度
CJXX	0	110°45′28.4″	31°13′34.8″
XX01	2.8	110°45′46.7″	30°59′24.0″
XX04	12.7	110°46′03.9″	31°04′55.6″
XX06	19.2	110°46′42.2″	31°08′02.7″
XX08	27.6	110°45′10.8″	31°11′57.6″

4.2.2　香溪河沉积物粒径分布特征

香溪河沉积物粒径与粒度分布如图 4.9 所示，结果表明，沉积物土壤平均粒径为 7.10~21.47 μm，粒径分布顺着河流表现出"两头大，中间小"的特征，最大值出现在 XX08。根据土壤不同粒径对其粒度进行分析，沉积物中以粉粒（2~50 μm）为主，沉积物中的黏粒含量高于砂粒，XX08 点的砂粒含量明显高于其他点位，可能是由于 XX08 点在流域的上游且设有沙料运输码头。随着深度的增加，粒径逐渐减小。对比消落带土壤粒径，发现沉积物粒径小于消落带土壤，可能原因是受到水动力的影响。

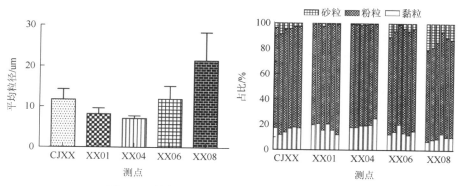

图 4.9　香溪河沉积物土壤平均粒径与粒度分布

4.2.3　香溪河沉积物重金属时空分布特征

香溪河沉积物中不同时期的重金属含量分布特征结果如图 4.10 所示，重金属 Pb 含量变化范围为 11.42～80.48 mg·kg^{-1}，均值为 30.03 mg·kg^{-1}，重金属 Cd 含量变化范围为 0.24～1.46 mg·kg^{-1}，均值为 0.73 mg·kg^{-1}；重金属 Cu 含量变化范围为 15.73～115.90 mg·kg^{-1}，均值为 42.23 mg·kg^{-1}；重金属 Cr 含量变化范围为 29.22～203.34 mg·kg^{-1}，均值为 113.11 mg·kg^{-1}，4 种重金属含量均略高于肖尚斌等对香溪河沉积物的检测结果[43]。4 种重金属 Pb、Cd、Cu、Cr 的平均含量分别是三峡库区沉积物重金属背景值的 1.78 倍、4.93 倍、1.96 倍和 2.16 倍，重金属 Cr 含量出露期显著高于淹水期。

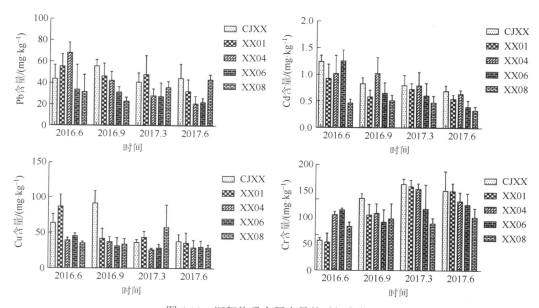

图 4.10　沉积物重金属含量的时间变化

监测不同点位沉积物中重金属的含量，结果如图 4.11 所示，沉积物中重金属 Cd 在河口（CJXX）与中游（XX04）含量较高，可能是由于 XX04 位于峡口镇下游，居民生活产生的大量污染废水排入香溪河中影响沉积物中重金属的含量。

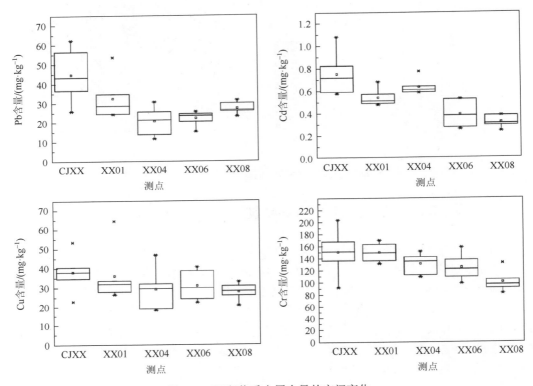

图 4.11　沉积物重金属含量的空间变化

对比香溪河消落带及上缘土壤中重金属含量，沉积物中 4 种重金属平均含量均高于消落带及其上缘土壤。在淹水之后消落带土壤中重金属在一定的水文条件下进入水体系统，在一段时间的絮凝沉淀作用下，积累于沉积物中[44]。沉积物中的污染物在一定条件下会再次释放至水体中，对底栖动物构成威胁，还可能通过食物链危害人类的健康[45]，因此，沉积物研究已成为当前国内外学者研究的热点[46-50]。

为了研究各样点的重金属污染的接近程度，利用 SPSS 20.0 软件对香溪河沉积物样品中的 4 种重金属进行聚类分析，如图 4.12 所示。由图 4.12 可知，香溪河沉积物中重金属的污染大体可分为 3 类，第一类为 XX04 样点，第二类为 XX06 和 XX08，第三类为 XXCJ 与 XX01。实地调查可知，XX04 点位于采样流域中段，处于峡口镇下游，而峡口镇又是主要的磷矿开采与加工地，部分开采、炼矿技术落后，据文献报道，Cd 广泛存在于各种矿石中，尤其是磷矿[51]，而且香溪河流域中小型企业废水排放量一度达到 5820.50t·d⁻¹[52]，污水经尾矿沉淀池简单处理后直接排入香溪河中，从而导致重金属（特别是 Cd）的污染加重[53]；XX06 与 XX08 点位于流域上游，XX06 点紧靠峡口镇，居民集中，XX08 点上游有黄磷矿，两个样点也与磷矿的加工有关，而且两样点间设有一货运码头与高速口，船行量与车流量较大，轮船与汽车的尾气、工业废水、生活污水的排放都可能会导致这段河流的生态问题；最后将 XXCJ 与 XX01 分为一类，这两个样点位于流域下游，两岸消落带主要为荒地，上缘有住户，主要的污染来自生活废水与柑橘加工打蜡厂[10]。

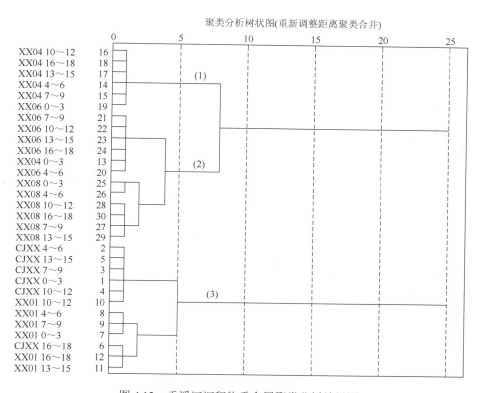

图 4.12　香溪河沉积物重金属聚类分析结果图

4.2.4　香溪河沉积物重金属赋存形态分布特征

对沉积物中重金属形态组成进行分析，不仅能有效识别重金属的人为污染情况，而且能在一定程度上对重金属的潜在生态风险做出评价，根据 5 步逐级提取法进行试验，结果如图 4.13 所示。由图 4.13 可知，Cu 主要以有机结合态和硫化物结合态（9.1%～27.5%）、残渣态的形态存在。说明香溪河中有机物及硫化物对 Cu 的吸持能力较强，结果与文献结论一致[54]，这是由于 Cu 具备较强的络合能力，更容易与沉积物中的腐殖质等有机物形成络合物或螯合物，从而附着在沉积物中，因而沉积物中的 Cu 较大程度地存在于有机物相中。

Pb 在沉积物中主要以碳酸盐结合态、铁锰氧化物结合态以及残渣态的形态存在，其中铁锰氧化物结合态 Pb 为 14.3%～51.3%。研究表明[54]，pH 对重金属的碳酸盐结合态有着很大的影响，随着 pH 的降低，碳酸盐中的重金属将会解吸进入水体中。铁锰氧化物主要受环境氧化还原电位影响，溶解的铁锰氧化物中的 Pb 会解吸出来[55, 56]。

当库区爆发水华时，水体内的氧气含量降低，Pb 的铁锰氧化物结合态有向水体释放的风险。

Cd 主要以可交换态与残渣态的形态存在，说明其形态稳定性较差[57]，易对环境造成污染，香溪河沉积物中 Cd 的形态呈现较大的生物可利用性，生态风险较大。

与其他三种重金属相比，沉积物中并未检测到可交换态、碳酸盐结合态的 Cr，Cr 主要以残渣态的形态存在，可达到 94.9%以上，与文献结论一致[58-60]。由于残渣态重金属存在于矿物晶格中，只有在风化过程中才能释放，而风化过程是以地质年代计算的，相对于生命周期来说，残渣态基本上不为生物所利用，较难发生解吸进入水环境中[47]，因此，在沉积物中的残渣态 Cr 生态风险最低。

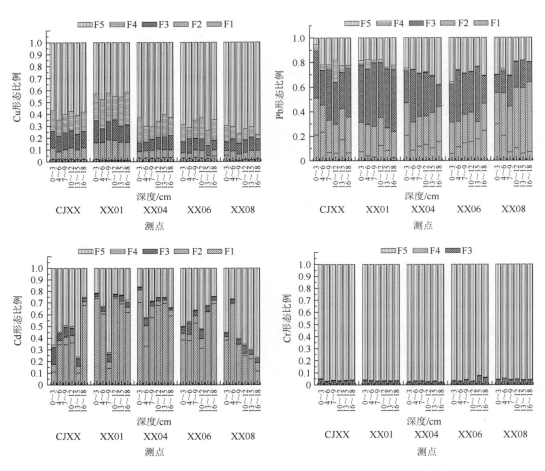

图 4.13　沉积物重金属各形态的比例分布图

4.2.5　香溪河沉积物重金属与理化性质的相关性研究

运用 SPSS 20.0 软件对沉积物样品中 4 种重金属含量及部分理化性质进行相关性分析，结果见表 4.6。由表 4.6 可知，Pb 与 Cd、Cu 在 0.01 水平上呈极显著正相关，Cr 与

Cu 在 0.01 水平上呈极显著负相关。研究表明，Cr 与 Cu 主要来源于自然矿石的风化，香溪河沿岸为农林业用地，季节性施加的氮肥、磷肥以及喷洒的农药对香溪河库岸重金属的污染有一定的贡献，同时一些矿区中的工业废水与矿渣堆可能含有 Cu 与 Cr[61, 62]，Pb 与 Cd、Cu 间的相关性表明了重金属的来源具有一定的相似性[63]。

表 4.6　香溪河沉积物各指标间的相关性

类别	Pb	Cd	Cu	Cr	TN	TP
Pb	1					
Cd	0.308**	1				
Cu	0.292**	0.279**	1			
Cr	0.043	−0.140	−0.361**	1		
TN	0.282	−0.189	0.027	0.080	1	
TP	−0.193	−0.060	−0.096	−0.347	−0.069	1

注：*表示 $p<0.05$，显著相关；**表示 $p<0.01$，极显著相关。

4.3　香溪河库湾重金属污染生态风险评价

4.3.1　土壤重金属风险评价的模型

近年来，国内外学者越来越关注土壤中的重金属问题，对土壤重金属污染进行评价可直接了解土壤存在的环境问题，也可以为土地资源的利用及规划、土壤污染的治理提供理论依据[64, 65]。在进行土壤污染评价时，通常选择当地土壤的背景值作为参考值。在评价中选用特定的背景值能更为客观地评价土壤重金属在不同环境、不同地质条件下的污染状况。

1. 潜在生态风险指数

潜在生态风险指数法为目前最为常用的评价方法[66-68]。该方法为了消除不同地域的影响，在计算过程中考虑了重金属的毒性系数以及在土壤中的迁移转化特征，可在较大范围内对土壤进行评估，其计算公式为

$$C_{\mathrm{f}}^{i} = C_{\mathrm{s}}^{i} / C_{\mathrm{n}}^{i} \tag{4.1}$$

$$E_{\mathrm{f}}^{i} = T_{\mathrm{r}}^{i} C_{\mathrm{f}}^{i} \tag{4.2}$$

$$\mathrm{RI} = \sum E_{\mathrm{f}}^{i} = \sum T_{\mathrm{r}}^{i} \times C_{\mathrm{f}}^{i} \tag{4.3}$$

式中，C_{f}^{i} 为污染元素；C_{s}^{i} 为重金属 i 的实测值，mg·kg^{-1}；C_{n}^{i} 为重金属 i 的背景值，mg·kg^{-1}；T_{r}^{i} 为重金属 i 的毒性系数；E_{f}^{i} 为重金属 i 的潜在生态风险系数；RI 为潜在生态风险指数。

土壤背景值的地区性强，本书采用三峡库区土壤重金属含量背景值（表 1.1），评价标准参照表 4.7。

表 4.7　潜在生态风险评价标准

指数类型	范围	污染程度	指数类型	范围	污染程度
潜在生态风险系数（E_f^i）	$E_f^i < 40$	轻微生态危害	潜在生态风险指数（RI）	RI<150	轻微生态危害
	$40 \leq E_f^i < 80$	中等生态危害		150≤RI<300	中等生态危害
	$80 \leq E_f^i < 160$	强生态危害		300≤RI<600	强生态危害
	$160 \leq E_f^i < 320$	很强生态危害		600≤RI<1200	很强生态危害
	$E_f^i \geq 320$	极强生态危害		RI≥1200	极强生态危害

2. 地质累积指数法

地质累积指数法由德国科学家 Muller 提出[69-72]。该方法考虑了背景值受自然成岩作用的影响，结果可直观地得到土壤中重金属的污染级别，不足之处在于未能综合考虑生物有效性及各影响因子的污染贡献，计算公式为

$$I_{geo} = \log_2\left(\frac{C_i}{kB_i}\right) \tag{4.4}$$

式中，I_{geo} 为评价元素的地质累积指数，C_i 为土壤中重金属 i 的实测值，$mg \cdot kg^{-1}$；B_i 为重金属元素 i 的背景值，$mg \cdot kg^{-1}$；k 为修正参数，一般取 1.5[73]，地质累积指数的污染级别见表 4.8。

表 4.8　地累积指数污染级别

级别	I_{geo}	污染程度
0	$(-\infty, 0]$	无
1	$(0, 1]$	轻度
2	$(1, 2]$	偏中等
3	$(2, 3]$	中度
4	$(3, 4]$	偏重
5	$(4, 5]$	重
6	$(5, +\infty)$	严重

3. 健康风险评价模型

为适应当前新形势下的污染场地调查及人体健康风险评估，环境保护部（现生态环境部）颁布了《污染场地风险评估技术导则》(HJ 25.3—2014)。管理者可通过了解人群的健康风险采取有针对性的防治措施，从而保护人群健康。美国国家环境保护局（Environment Protection Agency，EPA）重金属健康风险评价模型是较为常用的一种[74]。但 EPA 在实际运用中存在一些缺陷，比如其参考数据具有明显的地域性，基础数据有待进一步完善等[75,76]。研究表明，重金属易富集至人体中，而在城市土壤中的重金属具有

较高的生物有效性[77]，会进一步增加环境和健康风险。

1）风险计算

在进行健康风险评价时污染物被分为致癌与非致癌两类。

非致癌风险计算方法：

$$HQ = \frac{CDI}{RFD} \tag{4.5}$$

式中，HQ 为非致癌风险；CDI 为长期日摄入量剂量，$mg \cdot (kg \cdot d)^{-1}$；RFD 为污染物的非致癌参考剂量，$mg \cdot (kg \cdot d)^{-1}$。

致癌风险计算方法：

$$Risk = CDI \times SF \tag{4.6}$$

式中，Risk 为致癌风险；SF 为污染物的致癌斜率因子，$(kg \cdot d) \cdot mg^{-1}$。

2）暴露量计算

人体主要通过三种途径接触土壤中的重金属：一是口入，即摄入富集了重金属的食物；二是皮肤接触，人体皮肤直接触碰到污染的土壤；三是呼吸接触，吸入空气当中受到污染的飞尘。本书主要考虑皮肤接触带来的风险。皮肤接触暴露量计算公式：

$$CDI = \frac{CS \times AF \times CF \times SA \times ABS \times EF \times ED}{BW \times AT} \tag{4.7}$$

式中，SA 为可能接触土壤的皮肤面积，cm^2；AF 为土壤对皮肤的吸附系数，$mg \cdot d^{-1}$；ABS 为皮肤吸附系数，量纲一；CS 为土壤中化学物质的浓度，$mg \cdot kg^{-1}$；CF 为转换因子，$kg \cdot mg^{-1}$；EF 为暴露频率，$d \cdot a^{-1}$；ED 表示暴露持续时间，a；BW 为平均体重，kg；AT 为平均接触时间，d。具体参数选择参照《污染场地风险评估技术导则》（HJ 25.3—2014）。

4.3.2　消落带土壤重金属生态风险评价

1. 潜在生态风险评价

运用潜在生态风险指数法对 2016 年 6 月至 2017 年 6 月香溪河消落带不同海拔、不同淹水时期的土壤重金属污染程度及潜在生态风险进行分析，结果见表 4.9，从表 4.9 可以看出，Pb、Cu、Cr 的单个重金属潜在生态风险系数（E_f^i）均小于 40，属于轻微生态风险，而 Cd 的单个重金属潜在生态风险系数为 76.83～262.36，有较强的生态危害性，香溪河消落带土壤中 4 种重金属的潜在生态风险系数从大到小排列为 Cd＞Cu＞Pb＞Cr，其中 Cd 为主要的潜在生态风险贡献因子，平均占潜在生态风险指数（RI）的 90.81%，其原因在于香溪河消落带土壤中 Cd 含量高于背景值，且 Cd 的毒性系数为 30，远高于其他 3 种重金属，进而影响潜在生态风险系数 E_f^i 和潜在生态风险指数 RI。不同时期的潜在生态风险指数（RI）从大到小排序为：出露前期（228.22）＞淹水前期（201.90）＞淹水后期（187.98）＞出露后期（109.07）。

表 4.9　香溪河消落带土壤重金属潜在生态风险评价

时间	不同淹水高度/m	潜在生态风险系数（E_{f}^i）				潜在生态风险指数（RI）	风险等级
		Pb	Cd	Cu	Cr		
2016 年 6 月	145	5.70	156.68	7.09	1.99	171.46	中等生态危害
	155	6.64	166.51	7.31	1.93	182.39	中等生态危害
	165	6.51	185.15	7.48	1.85	200.98	中等生态危害
	175	6.24	237.38	7.05	2.08	252.75	中等生态危害
2016 年 9 月	165	5.46	183.18	6.23	1.77	196.63	中等生态危害
	175	5.48	165.64	6.06	1.98	179.16	中等生态危害
2017 年 3 月	165	5.85	262.36	5.63	1.49	275.33	中等生态危害
	175	6.11	167.02	6.44	1.56	181.12	中等生态危害
2017 年 6 月	145	6.65	123.42	6.74	2.17	138.98	轻微生态危害
	155	4.88	99.69	5.91	1.98	112.46	轻微生态危害
	165	6.22	76.83	6.78	1.82	91.66	轻微生态危害
	175	5.15	80.71	5.26	2.05	93.16	轻微生态危害

目前针对三峡库区消落带土壤采用潜在生态风险评价进行分析已有文献报道，比较结果见表 4.10。三峡库区重庆段和小江消落带土壤属于轻微生态风险，对比其他的研究结果，本书研究得出的综合生态风险等级高一个等级，属于中等生态风险。

表 4.10　三峡库区消落带土壤重金属生态风险评价比较

年份	2016～2017	2016	2010	2008 和 2009	2008
研究地点	香溪河	三峡库区重庆段[78]	小江[79]	三峡库区[12]	三峡库区[80]
RI	173.01	97.50	48.36	99.84	64.70
风险程度	中等	轻微	轻微	轻微	轻微

由此可以发现，香溪河消落带土壤存在重金属累积的隐患，随着周期性的淹水，香溪河水体中的重金属也可能迁移至土壤中，进一步影响土壤环境。

2. 地质累积指数

通过计算地质累积指数对香溪河消落带土壤重金属的污染程度进行评价，结果如图4.14所示。由图 4.14 可知，消落带土壤中 Cd 的地质累积指数最高且分布较为分散，土壤中Cu、Pb、Cr 相对集中，说明各区域受污染程度相似；消落带土壤中，Cr 表现为未受到污染，Pb 和 Cu 的轻度污染的比例分别为 16.7%，11.1%，Cd 的偏中度污染的比例占总体的38.9%，轻度污染及以下占 33.3%，其他样品均为中度污染。

综合来看，香溪河流域消落带土壤中重金属 Cd 为主要的生态风险因子，与潜在生态风险评价所得到的结果基本相同，应对 Cd 的潜在危害高度重视。

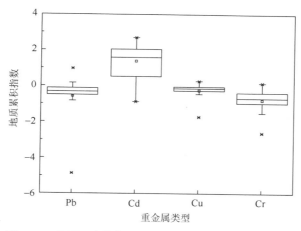

图 4.14　香溪河消落带土壤中重金属地质累积指数分布

4.3.3　沉积物重金属生态风险评价

1. 潜在生态风险评价

运用潜在生态风险指数法对香溪河沉积物中重金属污染程度及生态风险进行分析，结果见表 4.11。由表 4.11 可以看出，沉积物中 4 种重金属的潜在生态风险系数的平均值从大到小排序为 Cd（118.53）＞Cu（6.43）＞Pb（6.12）＞Cr（3.35），Cd 整体上处于中等和强生态危害，13.3%的样品具有很强的生态危害，Cu、Pb 和 Cr 处于轻微生态危害。

表 4.11　香溪河沉积物重金属潜在生态风险评价

| 样点 | 深度/cm | 潜在生态风险系数（E_r^i） | | | | 潜在生态风险指数（RI） | 污染程度 |
		Pb	Cd	Cu	Cr		
CJXX	0～3	13.00	156.05	4.54	3.49	177.07	中等生态危害
	4～6	11.78	184.74	7.36	3.75	207.63	中等生态危害
	7～9	5.36	133.10	6.88	2.35	147.7	轻微生态危害
	10～12	9.31	166.34	7.75	4.29	187.69	中等生态危害
	13～15	8.77	129.62	10.64	3.98	153.01	中等生态危害
	16～18	7.64	242.65	8.05	5.21	263.55	中等生态危害
XX01	0～3	5.90	153.15	6.55	4.34	169.95	中等生态危害
	4～6	11.17	110.18	6.11	3.85	131.31	轻微生态危害
	7～9	5.08	128.53	12.85	3.76	150.23	中等生态危害
	10～12	5.04	119.33	5.25	4.17	133.79	轻微生态危害
	13～15	7.22	110.94	6.67	3.47	128.3	轻微生态危害
	16～18	6.04	107.24	5.55	3.35	122.17	轻微生态危害

样点	深度/cm	潜在生态风险系数（E_f^i）				潜在生态风险指数（RI）	污染程度
		Pb	Cd	Cu	Cr		
XX04	0～3	4.49	138.67	6.36	3.52	153.04	中等生态危害
	4～6	2.39	135.40	5.62	2.87	146.27	轻微生态危害
	7～9	5.31	132.55	6.15	3.86	147.87	轻微生态危害
	10～12	2.86	143.66	3.62	3.38	153.52	中等生态危害
	13～15	6.38	173.42	9.32	2.78	191.9	中等生态危害
	16～18	4.37	131.79	3.78	3.62	143.57	轻微生态危害
XX06	0～3	4.89	61.91	5.11	3.50	75.40	轻微生态危害
	4～6	3.16	58.43	4.43	3.06	69.08	轻微生态危害
	7～9	4.26	78.26	8.08	4.04	94.63	轻微生态危害
	10～12	5.10	118.06	4.81	2.78	130.75	轻微生态危害
	13～15	4.90	118.98	7.67	2.51	134.06	轻微生态危害
	16～18	5.34	92.26	6.78	3.17	107.55	轻微生态危害
XX08	0～3	5.61	85.39	5.36	2.10	98.46	轻微生态危害
	4～6	5.39	54.43	5.15	3.36	68.32	轻微生态危害
	7～9	6.23	65.88	6.55	2.33	80.98	轻微生态危害
	10～12	6.57	70.54	4.08	2.56	83.75	轻微生态危害
	13～15	4.79	85.71	6.12	2.37	98.98	轻微生态危害
	16～18	5.39	68.55	5.88	2.66	82.48	轻微生态危害

沉积物潜在生态风险指数平均值为 134.43，大部分样品处于轻微生态风险危害，33.3%的样品处于中等生态危害。上游的样点 XX08 生态风险指数最低，生态风险指数较高的样品集中在香溪河流域的中下游，其中 CJXX 的潜在生态风险指数最高。

2. 地质累积指数

通过计算地质累积指数对香溪河沉积物中重金属的污染进行评价，结果如图 4.15 所示。由图 4.15 可知，相比于消落带土壤，香溪河沉积物中 4 种重金属的地质累积指数相对较为分散，说明各个区域受污染程度的差异性较大，可能是因为沉积物拥有更为丰富的外来污染源。Cr 大部分处于轻度污染，Pb 有 20%的样品是轻度污染，Cu 有 33.3%的样品处于轻度污染，Cd 有 63.3%的样品处于中度污染。总体而言，沉积物中 Cd 具有较强的生态风险，结果与消落带土壤一致。

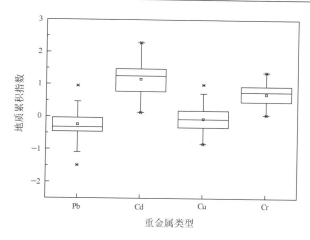

图 4.15　香溪河沉积物重金属地质累积指数分布

3. 沉积物重金属的健康风险评价

健康风险评价是对各种健康相关资料获取、整合与分析的过程，分别计算各重金属的风险指数。对于非致癌风险，当风险指数高于 1 时，认定其会损害人体健康；对于致癌风险，认为风险水平处于 $1\times10^{-6}\sim1\times10^{-4}$ 是可以接受的[81]，因此，本次评价将非致癌风险指数可接受限值定为 1，致癌风险指数的可接受限值为 1×10^{-5}，结果见表 4.12。重金属 Pb 的非致癌风险指数范围是 $1.39\times10^{-4}\sim7.56\times10^{-4}$，远低于所规定的可接受限定值 1，XX04 点处的非致癌风险指数明显大于其他样点，可能是由于 XX04 靠近峡口镇。重金属 Cd 的非致癌风险指数范围是 $0.12\times10^{-4}\sim0.48\times10^{-4}$；重金属 Cu 的非致癌风险指数范围是 $0.25\times10^{-4}\sim0.86\times10^{-4}$；而重金属 Cr 的非致癌风险指数范围是 $1.92\times10^{-4}\sim7.68\times10^{-4}$，均远低于可接受限定值 1。这说明各种重金属对周围居民的危害作用并不明显。

表 4.12　非致癌风险指数和致癌风险指数

样点	非致癌风险指数/($\times10^{-4}$)						致癌风险指数/($\times10^{-7}$)
	深度/cm	HQ（Pb）	HQ（Cd）	HQ（Cu）	HQ（Cr）	总风险	Cd 风险指数
CJXX	0~3	2.71	0.37	0.52	3.69	7.29	2.26
	4~6	4.32	0.38	0.47	3.83	8.99	2.31
	7~9	4.65	0.39	0.49	4.05	9.59	2.37
	10~12	6.06	0.46	0.44	3.42	10.39	2.83
	13~15	3.91	0.39	0.47	3.87	8.64	2.37
	16~18	2.91	0.44	0.73	3.18	7.26	2.71
XX01	0~3	4.93	0.30	0.75	3.62	9.60	1.85
	4~6	6.04	0.40	0.75	3.56	10.74	2.42
	7~9	6.54	0.28	0.78	4.29	11.89	1.72

续表

| 样点 | 深度/cm | 非致癌风险指数/(×10⁻⁴) | | | | | 致癌风险指数/(×10⁻⁷) |
		HQ（Pb）	HQ（Cd）	HQ（Cu）	HQ（Cr）	总风险	Cd 风险指数
XX01	10~12	5.53	0.41	0.46	4.89	11.29	2.51
	13~15	4.55	0.21	0.86	1.92	7.55	1.29
	16~18	3.53	0.21	0.67	2.47	6.89	1.27
XX04	0~3	4.97	0.40	0.34	7.65	13.36	2.45
	4~6	5.87	0.31	0.34	6.60	13.12	1.90
	7~9	7.56	0.43	0.35	6.76	15.09	2.59
	10~12	6.73	0.45	0.31	6.71	14.21	2.78
	13~15	6.75	0.21	0.27	6.85	14.08	1.30
	16~18	6.46	0.19	0.32	6.64	13.60	1.17
XX06	0~3	7.31	0.45	0.39	7.68	15.83	2.76
	4~6	3.73	0.46	0.37	7.46	12.02	2.83
	7~9	1.64	0.48	0.38	7.43	9.93	2.92
	10~12	1.63	0.31	0.38	7.06	9.38	1.87
	13~15	2.54	0.38	0.39	7.60	10.92	2.35
	16~18	2.11	0.37	0.31	7.54	10.33	2.29
XX08	0~3	5.18	0.12	0.25	5.87	11.42	0.75
	4~6	4.37	0.19	0.28	5.33	10.17	1.16
	7~9	1.39	0.15	0.31	4.69	6.53	0.91
	10~12	1.51	0.14	0.30	5.37	7.32	0.86
	13~15	2.88	0.14	0.31	6.15	9.48	0.87
	16~18	2.32	0.17	0.29	5.10	7.88	1.01

对于致癌风险，根据选用的参数计算了重金属 Cd 的风险指数，其风险范围是 $0.75×10^{-7}$~$2.92×10^{-7}$，同样远低于可接受限定值 $1×10^{-5}$，说明 Cd 对周围居民的致癌危害也不明显。

4.4 本章小结

（1）通过对香溪河流域库岸带土壤中重金属含量进行监测，分析其时空分布特征，结果表明，香溪河消落带土壤中 Pb 含量变化范围为 11.92~52.84 mg·kg⁻¹，均值为 28.37 mg·kg⁻¹；Cd 含量变化范围为 0.11~1.87 mg·kg⁻¹，均值为 0.65 mg·kg⁻¹；Cu 含量变化范围为 8.74~51.43 mg·kg⁻¹，均值为 32.15 mg·kg⁻¹；Cr 含量变化范围为 16.19~137.11 mg·kg⁻¹，均值为 72.09 mg·kg⁻¹。库岸带土壤中 4 种重金属（Pb、Cd、Cu、Cr）的平均含量分别是土壤重金属背景值的 1.19 倍、4.86 倍、1.29 倍和 0.93 倍。重金属 Cd 含量在出露后期显著低于其他 3 个时期，在出露后期，随着海拔的降低，Cd 含量呈现逐渐上升的趋势。消落带上缘土壤中 Cd 变异性最大，在 XX01 与 XX02 含量较高，Cr 变化不显著。

（2）运用 SPSS 20.0 软件对香溪河流域库岸带土壤及部分理化指标进行相关性分析，结果表明，TP 与 Cd 呈显著正相关（$p < 0.05$），Pb 与 Cu、Cr 存在显著性关系。

（3）运用潜在生态风险指数法对香溪河消落带土壤进行评价，结果表明，香溪河流域消落带土壤中 4 种重金属的潜在生态风险系数从大到小的顺序为 Cd>Cu>Pb>Cr，其中 Cd 为主要的生态风险贡献因子，不同时期的潜在生态风险指数（RI）从大到小排序为：出露前期>淹水前期>淹水后期>出露后期。地质累积指数计算结果表明，消落带土壤中 Cu、Pb、Cr 地质累积指数分布相对集中；Cr 均处于清洁等级；Cd 的偏中度污染所占比例最大，占总体的 38.9%；香溪河流域消落带土壤中 Cd 的污染较为严重，与潜在生态风险评价结果一致，应对香溪河流域的 Cd 污染高度重视。

（4）对香溪河流域沉积物中重金属含量进行监测，分析其时空分布特征，结果表明，沉积物中 Pb 含量变化范围为 11.42～80.48 mg·kg^{-1}，均值为 30.03 mg·kg^{-1}；Cd 含量变化范围为 0.24～1.46 mg·kg^{-1}，均值为 0.73 mg·kg^{-1}；Cu 含量变化范围 15.73～115.90 mg·kg^{-1}，均值为 42.23 mg·kg^{-1}；Cr 含量变化范围为 29.22～203.34 mg·kg^{-1}，均值为 113.11 mg·kg^{-1}。4 种重金属的平均含量是三峡库区沉积物重金属背景值的 1.78 倍、4.93 倍、1.96 倍和 2.16 倍。沉积物中 4 种重金属平均含量均高于消落带土壤及其上缘。聚类分析将样点分为 3 类，从空间分布上来看，重金属含量较高的区域主要为人口密集地区，说明沉积物中重金属污染具有明显的地域性，与人类活动有关。

（5）对沉积物中重金属形态比例进行分析，发现 Cd、Cu、Pb 活性较大，有较高的二次释放潜力，极有可能发生严重的污染。沉积物中 Cr 主要以残渣态存在，达到了 94.9%，污染风险较低，通过相关性分析发现，Pb 与 Cd、Cu 呈显著正相关（$p < 0.01$），Cr 与 Cu 呈显著负相关（$p < 0.01$）。

（6）运用潜在生态风险指数法对香溪河沉积物进行评价，结果表明，沉积物中 4 种重金属的潜在生态风险系数的平均值从大到小排序为 Cd>Cu>Pb>Cr，Cd 整体上处于中等和强生态危害，13.3% 的样品具有很强的生态危害，Cu、Pb 和 Cr 处于轻微生态危害。地质累积指数计算结果表明，沉积物中 4 种重金属的地质累积指数相对较为分散，Cr 大部分处于轻度污染，Pb 有 20% 的样品是轻度污染，Cu 有 33.3% 的样品处于轻度污染，Cd 有 63.3% 的样品处于中度污染，Cd 具有较强的生态风险。健康风险评价所得到的结果均低于可接受限定值，说明各种重金属对周围居民的危害作用并不明显。

参 考 文 献

[1] 吕发友，唐强，张淑娟，等. 三峡水库消落带紫色土物理性质对反复淹水作用的响应[J]. 水土保持研究，2018，25（1）：276-281.

[2] Rugenski A T, Minshall G W, Hauer F R. Riparian processes and interactions[J]. Methods in Stream Ecology, 2007, 2: 721-742.

[3] 艾丽皎，吴志能，张银龙. 消落带土壤环境研究进展[J]. 北方园艺，2012（17）：199-203.

[4] 莫福孝，秦宇，杨白露. 3 种植物对三峡库区消落带土壤重金属铜和镉的去除效果[J]. 贵州农业科学，2013，41（8）：204-206.

[5] 杨启红，郑志伟，张志永，等. 三峡水库小江流域消落区土壤重金属的时空分布[J]. 水生态学杂志，2011，32（2）：11-16.

[6] 马德毅，王菊英. 中国主要河口沉积物污染及潜在生态风险评价[J]. 中国环境科学，2003，23（5）：521-525.

[7] Altindağ A，Yiğit S. Assessment of heavy metal concentrations in the food web of Lake Beyşehir, Turkey[J]. Chemosphere，2005，60（4）：552-556.

[8] 戴泽龙，黄应平，付娟，等. 香溪河消落带狗牙根对重金属镉的积累特性与机制[J]. 武汉大学学报（理学版），2015，61（3）：279-284.

[9] 张凤杰. 铜在土壤上的吸附行为及共存污染物对其吸附的影响[D]. 大连：大连理工大学，2013.

[10] 周本智，傅懋毅，李正才，等. 浙西北天然次生林群落物种多样性研究[J].林业科学研究，2005，18（4）：406-411.

[11] Bing H J，Zhou J，Wu Y H, et al. Current state，sources，and potential risk of heavy metals in sediments of Three Gorges Reservoir，China[J]. Environmental Pollution，2016，214：485-496.

[12] 胥焘，王飞，郭强，等. 三峡库区香溪河消落带及库岸土壤重金属迁移特征及来源分析[J]. 环境科学，2014，35（4）：1502-1508.

[13] 周怀东，袁浩，王雨春，等. 长江水系沉积物中重金属的赋存形态[J]. 环境化学，2008，27（4）：515-519.

[14] 卢少勇，焦伟，金相灿，等. 滇池内湖滨带沉积物中重金属形态分析[J]. 中国环境科学，2010，30（4）：487-492.

[15] DelValls T Á，Forja J M，González-Mazo E，et al. Determining contamination sources in marine sediments using multivariate analysis[J]. Trac Trends in Analytical Chemistry，1998，17（4）：181-192.

[16] 杨长明，张芬，徐琛. 巢湖市环城河沉积物重金属形态及垂直分布特征[J]. 同济大学学报（自然科学版），2013，41（9）：1404-1410.

[17] Liu H Q，Liu G J，Wang J，et al. Fractional distribution and risk assessment of heavy metals in sediments collected from the Yellow River，China[J]. Environmental Science and Pollution Research，2016，23（11）：11076-11084.

[18] Machado W，Carvalho M F，Santelli R E，et al. Reactive sulfides relationship with metals in sediments from an eutrophicated estuary in Southeast Brazil[J]. Marine Pollution Bulletin，2004，49（1-2）：89-92.

[19] 张民，龚子同. 我国菜园土壤中某些重金属元素的含量与分布[J]. 土壤学报，1996，33（1）：85-93.

[20] 刘丽娜，马春子，张靖天，等. 东北典型湖泊沉积物氮磷和重金属分布特征及其污染评价研究[J]，农业环境科学学报，2018，37（3）：520-529.

[21] 李菡劼，吕平毓. 三峡库区沉积物中重金属元素测定的前处理方法研究[J]，三峡环境与生态，2011，33（1）：18-20.

[22] Hu Y A，Cheng H F. Application of stochastic models in identification and apportionment of heavy metal pollution sources in the surface soils of a large-scale region[J]. Environmental Science & Technology，2013，47（8）：3752-3760.

[23] 熊俊，王飞，梅朋森，等. 三峡库区香溪河消落带土壤重金属生态风险评价[J]. 环境科学研究，2011，24（11）：1318-1324.

[24] 皮宁宁，渠巍. 三峡库区重庆段土壤重金属污染现状调查与评价[J]. 环境影响评价，2017，39（6）：60-64.

[25] 王业春，雷波，杨三明，等. 三峡库区消落带不同水位高程土壤重金属含量及污染评价[J]. 环境科学，2012，33（2）：612-617.

[26] 万金保，王建永，吴丹. 乐安河沉积物重金属污染现状评价[J]. 环境科学与技术，2008，31（11）：130-133.

[27] 李法松，韩铖，林大松，等. 安庆沿江湖泊及长江安庆段沉积物重金属污染特征及生态风险评价[J]. 农业环境科学学报，2017，36（3）：574-582.

[28] 李莹杰，张列宇，吴易雯，等. 江苏省浅水湖泊表层沉积物重金属 GIS 空间分布及生态风险评价[J]. 环境科学，2016，37（4）：1321-1329.

[29] Feng H，Han X F，Zhang W G，et al. A preliminary study of heavy metal contamination in Yangtze river intertidal zone due to urbanization[J]. Marine Pollution Bulletin，2004，49（11-12）：910-915.

[30] 李倩. 三峡水库蓄水后水体中有毒重金属砷、铅、铬研究[D]. 重庆：西南大学，2006.

[31] Chapman P M. Sediment quality assessment: status and outlook[J]. Journal of Aquatic Ecosystem Health，1995，4（3）：183-194.

[32] Ferreira M F，Chiu W S，Cheok H K，et al. Accumulation of nutrients and heavy metals in surface sediments near Macao[J]. Marine Pollution Bulletin，1996，32（5）：420-425.

[33] Marengo E，Gennaro M C，Robotti E，et al. Investigation of anthropic effects connected with metal ions concentration，organic matter and grain size in bormida river sediments[J]. Analytica Chimica Acta，2006，560（1-2）：172-183.

[34] 安立会，张艳强，郑丙辉，等. 三峡库区大宁河与磨刀溪重金属污染特征[J]. 环境科学，2012，33（8）：2592-2598.

[35] 黎莉莉，张晟，刘景红，等. 三峡库区消落区土壤重金属污染调查与评价[J]. 水土保持学报，2005，19（4）：127-130.

[36] 许振成，杨晓云，温勇，等. 北江中上游底泥重金属污染及其潜在生态危害评价[J]. 环境科学，2009，30（11）：3262-3268.

[37] 江灿，徐竑珂，李洪彬，等. 余杭塘河沉积物重金属污染现状及潜在生态危害评价[J]. 杭州师范大学学报（自然科学版），2017，16（6）：604-612.

[38] 邱鸿荣，罗建中，郑国辉，等. 西南涌流域底泥重金属污染特征及潜在生态危害评价[J]. 中国环境监测，2012，28（6）：32-36.

[39] Singh K P，Mohan D，Singh V K，et al. Studies on distribution and fractionation of heavy metals in Gomti river sediments- a tributary of the Ganges，India[J]. Journal of Hydrology，2005，312（1-4）：14-27.

[40] Fan W H，Wang W X，Chen J S，et al. Cu，Ni，and Pb speciation in surface sediments from a contaminated bay of northern China[J]. Marine Pollution Bulletin，2002，44（8）：816-832.

[41] Akcay H，Oguz A，Karapire C. Study of heavy metal pollution and speciation in Buyak Menderes and Gediz river sediments[J]. Water Research，2003，37（4）：813-822.

[42] Farkas A，Erratico C，Vigano L. Assessment of the environmental significance of heavy metal pollution in surficial sediments of the River Po[J]. Chemosphere，2007，68（4）：761-768.

[43] 肖尚斌，刘德富，王雨春，等. 三峡库区香溪河库湾沉积重金属污染特征[J]. 长江流域资源与环境，2011，20（8）：983-989.

[44] 陈明，蔡青云，徐慧，等. 水体沉积物重金属污染风险评价研究进展[J]. 生态环境学报，2015，24（6）：1069-1074.

[45] 贾英，方明，吴友军，等. 上海河流沉积物重金属的污染特征与潜在生态风险[J]. 中国环境科学，2013，33（1）：147-153.

[46] 李萌，熊尚凌，陈伟，等. 浙北海域表层沉积物中重金属的含量特征、来源和污染评价[J]. 海洋环境科学，2018，37（1）：14-20.

[47] 林丽华，魏虎进，黄华梅. 大亚湾表层沉积物和底栖生物中重金属的污染特征与生物积累[J]. 生态科学，2017，36（6）：173-181.

[48] 石雪芳，张海涛，张宇，等. 洞庭湖表层沉积物中重金属污染评价与分析[J]. 环境科学与技术，2017，40（12）：267-277.

[49] Habib M R，Mohamed A H，Osman G Y，et al. Biomphalaria alexandrina as a bioindicator of metal toxicity[J]. Chemosphere，2016，157：97-106.

[50] Sun W M，Xiao E Z，Dong Y，et al. Profiling microbial community in a watershed heavily contaminated by an active antimony （Sb）mine in Southwest China[J]. Science of the Total Environment，2016，550：297-308.

[51] 马榕. 重视磷肥中重金属镉的危害[J]. 磷肥与复肥，2002，17（6）：5-6.

[52] 王海云. 三峡水库蓄水对香溪河水环境的影响及对策研究[J]. 长江流域资源与环境，2005，14（2）：233-237.

[53] 王祖伟，李宗梅，王景刚，等. 天津污灌区土壤重金属含量与理化性质对小麦吸收重金属的影响[J]. 农业环境科学学报，2007，26（4）：1406-1410.

[54] Wei X，Han L F，Gao B，et al. Distribution，bioavailability，and potential risk assessment of the metals in tributary sediments of Three Gorges Reservoir：the impact of water impoundment[J]. Ecological Indicators，2016，61（1-2）：667-675.

[55] 冯素萍，鞠莉，沈永，等. 沉积物中重金属形态分析方法研究进展[J]. 化学分析计量，2006，15（4）：72-74.

[56] 林承奇，胡恭任，于瑞莲，等. 九龙江表层沉积物重金属赋存形态及生态风险[J]. 环境科学，2017，38（3）：1002-1009.

[57] Passos E D A，Alves J C，Dos S I S，et al. Assessment of trace metals contamination in estuarine sediments using a sequential extraction technique and principal component analysis[J]. Microchemical Journal，2010，96（1）：50-57.

[58] Cuang D J，Obbard J P. Metal speciation in coastal marine sediments from Singapore using a modified BCR-sequential extraction procedure[J]. Applied Geochemistry，2006，21（8）：1335-1346.

[59] Li R Y，Yang H，Zhou Z G，et al. Fractionation of heavy metals in sediments from Dianchi Lake，China[J]. Pedosphere，2007，17（2）：265-272.

[60] 孔明，董增林，晁建颖，等. 巢湖表层沉积物重金属生物有效性与生态风险评价[J]. 中国环境科学，2015，35（4）：1223-1229.

[61] 陶笈汛, 张学洪, 罗昊, 等. 李氏禾对电镀污泥污染土壤中铬铜镍的吸收和积累[J]. 桂林工学院学报, 2010, 30（1）: 144-147.

[62] 王丹, 魏威, 梁东丽, 等. 土壤铜、铬（VI）复合污染重金属形态转化及其对生物有效性的影响[J]. 环境科学, 2011, 32（10）: 3113-3120.

[63] 吕建树, 张祖陆, 刘洋, 等. 日照市土壤重金属来源解析及环境风险评价[J]. 地理学报, 2012, 67（7）: 971-984.

[64] 杨奇勇, 谢运球, 罗为群, 等. 基于地统计学的土壤重金属分布与污染风险评价[J]. 农业机械学报, 2017, 48（12）: 248-254.

[65] 张金莲, 丁疆峰, 卢桂宁, 等. 广东清远电子垃圾拆解区农田土壤重金属污染评价[J]. 环境科学, 2015, 36（7）: 2633-2640.

[66] 孙鑫, 宁平, 唐晓龙, 等. 河南陕县赤泥库周边土壤重金属污染评价[J]. 西北农林科技大学学报（自然科学版）, 2015, 43（5）: 122-128.

[67] 张兆永, 吉力力·阿不都外力, 姜逢清. 艾比湖表层沉积物重金属的来源、污染和潜在生态风险研究[J]. 环境科学, 2015, 36（2）: 490-496.

[68] Saraee K R E, Abdi M R, Naghavi K, et al. Distribution of heavy metals in surface sediments from the South China Sea ecosystem, Malaysia[J]. Environmental Monitoring and Assessment, 2011, 183（1-4）: 545-554.

[69] 涂剑成, 赵庆良, 杨倩倩. 东北地区城市污水处理厂污泥中重金属的形态分布及其潜在生态风险评价[J]. 环境科学学报, 2012, 32（3）: 689-695.

[70] 刘敬勇, 孙水裕, 许燕滨, 等. 广州城市污泥中重金属的存在特征及其农用生态风险评价[J]. 环境科学学报, 2009, 29（12）: 2545-2556.

[71] 鲁如坤. 土壤农业化学分析方法[M]. 北京: 中国农业科技出版社, 2000.

[72] 王斐, 黄益宗, 王小玲, 等. 江西钨矿周边土壤重金属生态风险评价: 不同评价方法的比较[J]. 环境化学, 2015, 34（2）: 225-233.

[73] 宁增平, 肖青相, 蓝小龙, 等. 都柳江水系沉积物锑等重金属空间分布特征及生态风险[J]. 环境科学, 2017, 38（7）: 2784-2792.

[74] Benhaddya M L, Boukhelkhal A, Halis Y, et al. Human health risks associated with metals from urban soil and road dust in an oilfield area of southeastern Algeria[J]. Archives of Environmental Contamination and Toxicology, 2016, 70（3）: 556-571.

[75] 李如忠, 童芳, 周爱佳, 等. 基于梯形模糊数的地表灰尘重金属污染健康风险评价模型[J]. 环境科学学报, 2011, 31（8）: 1790-1798.

[76] 王月, 安达, 席北斗, 等. 基于正态随机模拟的武烈河环境健康风险评价[J]. 环境工程学报, 2017, 11（5）: 3334-3340.

[77] 和莉莉, 李冬梅, 吴钢. 我国城市土壤重金属污染研究现状和展望[J]. 土壤通报, 2008, 39（5）: 1210-1216.

[78] 皮宁宁, 渠巍. 三峡库区重庆段土壤重金属污染现状调查与评价[J]. 环境影响评价, 2017, 39（6）: 60-64.

[79] 王业春, 雷波, 杨三明, 等. 三峡库区消落带不同水位高程土壤重金属含量及污染评价[J]. 环境科学, 2012, 33（2）: 612-617.

[80] 郑志伟, 邹曦, 安然, 等. 三峡水库小江流域消落区土壤的理化性状[J]. 水生态学杂志, 2011, 32（4）: 1-6.

[81] 高继军, 张力平, 黄圣彪, 等. 北京市饮用水源水重金属污染物健康风险的初步评价[J]. 环境科学, 2004, 25（2）: 47-50.

第5章　香溪河库湾区域多环芳烃时空分布特征

多环芳烃（PAHs）是一类由两个或两个以上苯环以不同形式排列组合而成的持久性有机污染物（persisitent organic pollutants，POPs）[1]。PAHs 化学性质稳定，是惰性较强的有机化合物，在环境中因难降解而长期存在。美国国家环境保护局（EPA）根据 PAHs 的结构与毒性提出了需优先控制的 16 种 PAHs，根据理化性质的不同，可分为两大类：一类是含 2 或 3 个苯环，相对分子质量较低的低环 PAHs，具有易挥发、对水生生物有毒性的特点，如萘、芴、菲、蒽等；另一类是含 4~7 个苯环，相对分子质量较高的高环 PAHs，具有沸点高、不易挥发的特点，其本身没有毒性，但具有致癌、致突变效应，如芘、荧蒽等。分子量越高，水溶性越低，毒性越强，则更难降解[2]。

PAHs 主要来源分两类：自然源与人为源，其中人为源是环境中 PAHs 的主要来源。森林大火和火山喷发等自然灾害、沉积物成岩过程、生物转化过程、焦油矿坑内气体生成过程中生物的合成、深埋地下未开发的煤矿和石油等都是 PAHs 自然源的主要途径，常被作为环境背景值的主要成分。环境中只有极少量 PAHs 来自自然源，绝大多数都来自人为源。PAHs 人为源主要由煤、石油、天然气等化石燃料和生物质等含碳、氢化合物的不完全燃烧或热裂解形成，具体来说主要有工业污染源（焦化厂、有机化工厂、金属冶炼厂、石油精炼厂、发电厂等）、交通运输污染源[飞机、汽车等的尾气、沥青颗粒、道路扬尘、生活污染源（家庭燃烧和香烟等）]以及其他如垃圾渗透液等[3]。

近年来，关于三峡库区 PAHs 的报道逐渐增多，库区水体、沉积物中相继发现 PAHs，对库区水质安全构成潜在风险，特别是库区周期性的水位消涨可能会加速 PAHs 在水环境中的迁移。本章以三峡库区香溪河库岸（沉积物、消落带及其上缘）土壤和水体为研究对象，对 PAHs 进行为期一年的持续监测，分析 PAHs 在香溪河库岸带土壤中的分布特征，并基于水体 PAHs 和沉积物 PAHs 的分布特征，利用逸度模型，研究 PAHs 在沉积物-水界面的扩散行为；分析不同海拔消落带土壤 PAHs 对水位消涨的响应规律，探究各区域 PAHs 的来源，对各区域 PAHs 的风险等级进行评价，为香溪河流域 PAHs 的污染防治及生态修复提供理论参考。

5.1　多环芳烃在香溪河库岸带土壤中的分布特征及其相关性研究

香溪河是三峡库区坝首第一条支流，香溪河流域的生态环境直接影响整个三峡库区的生态环境。三峡库区周期性水位调节在香溪河产生了库区面积最大、最陡的消落带区域。消落带是水陆衔接带，受到强烈的库水冲刷的影响，地球化学循环和生态环境发生了极大的改变，生态环境尤为脆弱，具有较高的科学研究价值。自从三峡库区蓄水后，香溪河航运日益发达，河面往来船只产生的废气和原油泄漏等都增加了库区

PAHs 的污染风险，加上库区城镇化的快速发展，生活与工业废水、农田径流的排放不断增加，炼油厂、汽车尾气以及煤和农作物废弃物燃烧的污染加剧，使得香溪河流域存在 PAHs 污染的潜在风险，而香溪河流域水位周期性消涨可能会进一步扩大这种污染，使三峡库区 PAHs 的风险增加。因此，本节以三峡库区香溪河库岸带土壤为研究对象，对沉积物、消落带及消落带上缘土壤 PAHs 分布特征进行研究，建立库岸带土壤 PAHs 与土壤理化性质之间的内在联系，为揭示香溪河库岸带土壤 PAHs 的污染特征提供理论依据。

5.1.1　香溪河库岸带土壤多环芳烃污染特征

由于周期性水位消涨，香溪河库岸形成了三种库岸带土壤，即长期处于淹水状态的沉积物、处于周期性淹没-落干状态的消落带土壤，以及长期处于落干状态的消落带上缘土壤。各个区域的地理位置不同，受水位扰动的程度不同，使得土壤理化性质不同，从而导致土壤中的 PAHs 分布特征也存在差异。因此，本节主要基于消落带库岸带土壤中 PAHs 的分布特征，分析土壤 PAHs 与土壤理化性质的差异，明晰消落带库岸带土壤 PAHs 的分布机理。

1. 沉积物中多环芳烃分布特征

香溪河流域沉积物中 16 种 PAHs 的检出率为 93.75%，二氢苊（Ace）在多数样点浓度低于检出限而未被检出。沉积物 PAHs 总含量在 10.73～1325.25 ng·g^{-1}，平均值为 234.90 ng·g^{-1}（干重）。由图 5.1 可知，沉积物中 PAHs 以 4 环 PAHs 为主，占总 PAHs 含量的 45.64%，以单体芘为主要污染物。7 种致癌物（Chry、BaA、BbF、BkF、BaP、DBA、IncdP）平均含量为 11.24 ng·g^{-1}，占总量的 33.50%。沉积物中 PAHs 总量在各个季节表现为夏季＞冬季＞春季＞秋季。夏季水位回落至最低水位，消落带土壤中 PAHs 在一个消涨周期河水淹没浸泡冲刷过程中，逐渐沉降累积至沉积物中。冬季沉积物 PAHs 较高主要与冬季库岸带燃烧取暖有很大关系。沉积物中 PAHs 各环比例随着四季的变化也发生变化，主要表现为 2、3 环 PAHs 比例降低，而 4～6 环 PAHs 比例升高，沉积物 PAHs 中低环 PAHs 比例随着消涨时间的变化逐渐降低，主要原因在于沉积物中微生物丰富，中低环 PAHs 的生物可利用性高于高环 PAHs[4]，被微生物降解而逐渐减少，而高环 PAHs 由于难以被降解则在沉积物中逐渐累积。沿着水平方向，由峡口镇上游（D1）至长江入江口（D5），PAHs 总量表现为在 D3（紧邻峡口镇下游的样带）和 D5（长江入江口）最高，主要是由于峡口镇居民密集，人为 PAHs 排放源对沉积物影响较大。D5 样带处于长江入江口交汇地带，长江干流水体以倒灌异重流的形式进入香溪河，使得干流 PAHs 在沉积物中累积，回水区沉积物 PAHs 含量较大。沿着水平样带 PAHs 组成比例差异性不大。沿着表层沉积物向下，在 0～3 cm、4～6 cm、7～9 cm、10～12 cm、13～15 cm、16～18 cm 深度分层取沉积物样品。由图 5.1 可知，各层沉积物 PAHs 分布呈无规律波动，沿着深度变化规律并不明显，这表明各层沉积物处于 PAHs 的"源"和"汇"的动态交替过程，PAHs 在沉积物和水体界面的交换过程受多种因素（如水文条件和生物扰动等）的影响[4]，因此，PAHs

在沉积物中的迁移并不存在统一的变化规律。各层 PAHs 组成比例主要表现为 2 或 3 环 PAHs 在沉积物迁移过程中发生较为明显的变化，中高环 PAHs 的组成比例变化不大，该结论与郭建阳等[5]的研究结果一致。

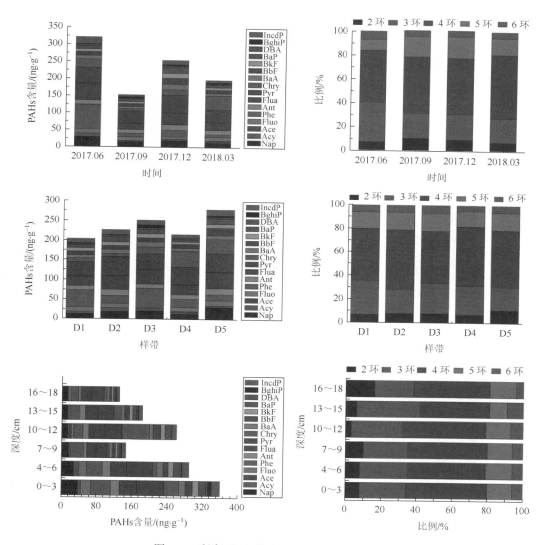

图 5.1　香溪河沉积物中 PAHs 时空分布特征

2. 消落带土壤中 PAHs 分布特征

香溪河消落带中 16 种 PAHs 都被检出，PAHs 总量在 43.60~2110 ng·g⁻¹，平均值为 464.2 ng·g⁻¹（干重）。单体 BaP 含量在 0.45~97.17 ng·g⁻¹，平均值为 17.25 ng·g⁻¹，大于沉积物中 BaP 浓度。由图 5.2 可知，消落带土壤中 PAHs 以 3、4 环 PAHs 为主，分别占总 PAHs 含量的 35.49%和 31.23%，以单体蒽为主要污染物。7 种致癌物（Chry、BaA、BbF、BkF、BaP、DBA、IncdP）平均含量为 17.18 ng·g⁻¹，占总量的 25.90%。消落带 PAHs

在三个季节的变化主要变现为春季＞夏季＞秋季（冬季消落带土壤完全淹没），消落带土壤 PAHs 季节性的差异主要与各季节 PAHs 来源不同有关。春季相对于夏季和秋季，煤和生物质不完全燃烧的比例较大。沿水平方向，消落带 PAHs 表现为"两头高中间低"的变化趋势，靠近峡口镇的 Y1 样带和处于香溪河回水区附近的 Y7 样带的消落带 PAHs 较高。峡口镇人口密集，工农业发达，PAHs 排放密度高，对消落带土壤 PAHs 的分布影响较大。Y7 样带与沉积物的 D5 样带类似，都受长江干流倒灌异重流的影响，并且在监测周期内，长江入江口处正在修建香溪河大桥，来往施工车辆的尾气排放和工程施工使得该区域 PAHs 的排放密度增大。PAHs 的组成比例在靠近下游的几个样带发生了不规律的变化，而上游三个样带之间的组成比例没有明显变化，越接近回水区的消落带其 PAHs 来源可能更为复杂，因此组成比例变化也不具有规律性。

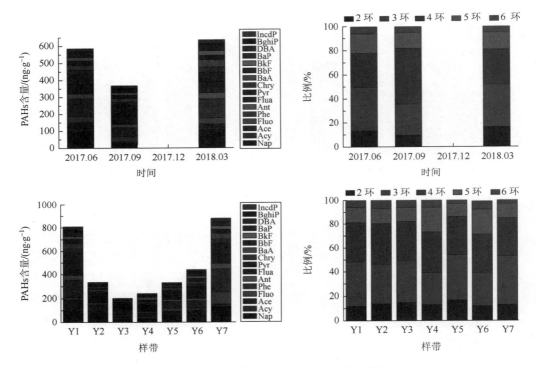

图 5.2　香溪河消落带土壤 PAHs 时空分布特征

3. 消落带上缘土壤中多环芳烃分布特征

香溪河消落带上缘土壤中 16 种 PAHs 都被检出，PAHs 总量在 83.09～2476.01 ng·g^{-1}，平均值为 916.71 ng·g^{-1}（干重）。单体 BaP 含量在 1.05～111.20 ng·g^{-1}，平均值为 30.62 ng·g^{-1}，大于沉积物和消落带中 BaP 浓度。由图 5.3 可知，消落带上缘土壤中 PAHs 以 3、4 环 PAHs 为主，分别占总 PAHs 含量的 33.34%和 34.70%，以单体蒽和芘为主。7 种致癌物（Chry、BaA、BbF、BkF、BaP、DBA、IncdP）平均含量为 30.91 ng·g^{-1}，占总量的 23.61%。

　　消落带上缘土壤作为连接消落带与库岸边环境的衔接地带，其分布规律对于解释PAHs 来源具有重要意义。消落带上缘土壤 PAHs 的分布特征如图 5.3 所示，冬季消落带上缘土壤 PAHs 最高，其次为春季，冬季和春季气温相对其他两个季节较低，煤炭生物质使用频率较高。PAHs 季节性组成比例在夏季、冬季和春季变化不大，秋季 2、3 环PAHs 的比例下降。PAHs 组成比例可以指示 PAHs 来源的变化，可能秋季 PAHs 的主要来源发生了改变。具体来源在 5.4 节会进行详细分析。沿水平方向，各样地 PAHs 整体变化趋势与消落带一致，表现为 Y1 和 Y7 样带 PAHs 含量最高，在中间样带最低，指示香溪河消落带和消落带上缘 PAHs 来源可能一致。水平样带上在 4～6 环的 PAHs 组成比例处于动态变化过程，而 2、3 环 PAHs 的比例变化不大。

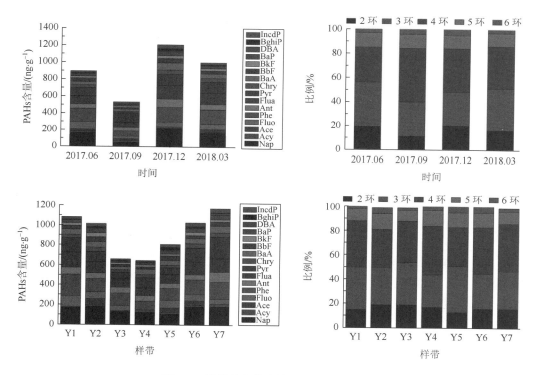

图 5.3　消落带上缘土壤 PAHs 分布特征

5.1.2　沉积物、消落带及其上缘土壤多环芳烃对比研究

　　将香溪河库岸带的沉积物、消落带及其上缘土壤 PAHs 含量进行对比研究，见表 5.1。由表 5.1 可知，16 种 PAHs 单体在三个区域整体表现为，消落带上缘＞消落带＞沉积物，指示 PAHs 可能由消落带上缘通过消落带向沉积物迁移，沉积物是库岸带土壤 PAHs 的"汇"。研究结论与郭雪等[6]的研究结果一致。在这三个区域，主要以 Nap、Phe、Pyr、Ant、Flua、BaA 为主，以中低环 PAHs 为主，该结论与 Souza 等[7]的研究结果一致，PAHs 单体的存在特征可能与该地区 PAHs 的来源有关；消落带土壤和沉积物的变异系数大于消落

带上缘土壤，长期处于淹没状态且受水位消涨扰动较大的沉积物 PAHs 各环变异系数最高，说明水位消涨对沉积物和消落带土壤 PAHs 的分布有着重要影响。

表 5.1　香溪河库岸带各区域 PAHs 含量对比

区域		Σ2 环	Σ3 环	Σ4 环	Σ5 环	Σ6 环	Σ16PAHs
沉积物	均值/(ng·g⁻¹)	19.74	58.86	107.20	34.32	14.78	234.90
	变异系数	1.71	1.34	1.35	1.47	1.51	1.21
	最大值/(ng·g⁻¹)	259.74	427.41	932.21	317.29	130.64	1325.25
	最小值/(ng·g⁻¹)	0.20	0.90	3.01	0.73	0.21	10.73
消落带	均值/(ng·g⁻¹)	71.55	164.77	145.31	61.83	20.76	464.23
	变异系数	1.30	1.06	0.88	0.90	1.01	0.87
	最大值/(ng·g⁻¹)	632.74	909.88	649.45	286.59	109.33	2109.53
	最小值/(ng·g⁻¹)	1.64	8.33	11.85	3.80	0.91	43.60
消落带上缘	均值/(ng·g⁻¹)	154.21	305.67	318.11	102.81	35.91	916.71
	变异系数	0.74	0.72	0.59	0.70	1.31	0.58
	最大值/(ng·g⁻¹)	451.76	1101.89	781.97	336.50	300.72	2476.01
	最小值/(ng·g⁻¹)	3.87	21.01	32.52	6.81	2.13	83.09

注：Σ16PAHs 表示 16 种 PAHs 单体总量。

5.1.3　香溪河库岸带土壤多环芳烃和理化性质之间相关性研究

运用皮尔森相关性分析方法对香溪河库岸带土壤 PAHs 含量与土壤理化性质以及重金属含量之间的相关性进行分析，分析结果见表 5.2。

2、3 环的 PAHs 含量与土壤 TP 存在显著的负相关性（$p<0.05$），研究结果与王小雨等[8]的一致，可能是由于 PAHs 长时间存在于土壤中，增加土壤容重，降低土壤的通气性能，使土壤板结，导致土壤粒径变紧实，从而间接影响土壤总磷在土壤上的吸附。PAHs 总含量与土壤总有机碳（total organic carbon，TOC）之间存在不显著的正相关性，该结论与 Zhang 等[9]的研究结论一致，但与程书波等[10]的不一致，程书波研究指出，PAHs 与 TOC 存在显著正相关关系。可能是由于香溪河库岸带土壤受其他因素如土地利用类型、点源排放以及大气干湿沉降等影响，持续不断有 PAHs 输入，使得土壤中 PAHs 未达到吸附平衡的状态[11]。PAHs 总含量与粒径在 2～50 μm 的土壤团聚体存在显著或极显著的负相关性（$p<0.05$），研究结论与申君慧[12]的研究一致。PAHs 总含量与重金属 Cd 存在显著负相关性（$p<0.05$）或极显著的负相关性（$p<0.01$），主要是由于 Cd 相对于其他重金属具有更好的迁移性，会与 PAHs 在土壤中发生交互作用，与 PAHs 竞争在土壤中的吸附位点有关[13]。PAHs 各环之间以及与 PAHs 总量之间都存在极显著的正相关性（$p<0.01$），说明大部分 PAHs 可能存在相同污染源[14]。

表 5.2　香溪河库岸带土壤理化性质及污染物特征相关性分析

类别	TN	TP	TOC	$D<2\ \mu m$	$2\ \mu m<D<50\ \mu m$	$D>50\ \mu m$	Cd	Cr	Pb	Cu	2 环 PAHs 含量	3 环 PAHs 含量	4 环 PAHs 含量	5 环 PAHs 含量	6 环 PAHs 含量	总 PAHs 含量
TN	1.00															
TP	-0.40	1.00														
TOC	-0.36	0.21	1.00													
$D<2\ \mu m$	-0.25	0.39	0.25	1.00												
$2\ \mu m<D<50\ \mu m$	-0.19	0.68**	0.44	0.35	1.00											
$D>50\ \mu m$	0.33	-0.67**	-0.46*	-0.80**	-0.81**	1.00										
Cd	0.02	0.47*	0.35	0.25	0.41	-0.39	1.00									
Cr	-0.26	0.20	-0.38	0.08	0.29	-0.24	0.16	1.00								
Pb	-0.25	0.42	0.20	0.70**	0.41	-0.70**	0.49*	0.11	1.00							
Cu	-0.08	0.30	-0.27	0.20	0.41	-0.36	0.55	0.57	0.45	1.00						
2 环 PAHs 含量	0.10	-0.46*	-0.45	-0.06	-0.56*	0.36	-0.79**	-0.09	-0.35	-0.38	1.00					
3 环 PAHs 含量	0.19	-0.53*	-0.45	-0.23	-0.59*	0.47*	-0.78**	-0.20	-0.33	-0.39	0.91**	1.00				
4 环 PAHs 含量	0.08	-0.35	0.29	0.06	-0.46	0.22	-0.57*	0.25	-0.09	-0.03	0.86**	0.79**	1.00			
5 环 PAHs 含量	0.24	-0.41	0.26	0.05	-0.51*	0.28	-0.67**	-0.02	-0.17	-0.26	0.87**	0.82**	0.87**	1.00		
6 环 PAHs 含量	0.23	-0.26	0.28	0.13	-0.47*	0.21	-0.47*	0.01	0.04	-0.24	0.67**	0.66**	0.72**	0.88**	1.00	
总 PAHs 含量	0.23	-0.45	0.24	0.01	-0.52*	0.30	-0.68**	0.01	-0.18	-0.23	0.93**	0.90**	0.93**	0.92**	0.79**	1.00

注：*表示 $p<0.05$，显著性差异；**表示 $p<0.01$，极显著差异；D 表示粒径。

5.2　多环芳烃在水-沉积物界面的污染特征及扩散行为研究

沉积物作为污染物主要的"汇"，汇集了来自各个介质的污染物。但是当沉积物受到扰动时，也可能充当"源"的角色，汇集的污染物可能会向水体扩散，影响水体质量，对水质安全造成潜在风险，因此，需要对 PAHs 在香溪河水-沉积物界面的分布以及扩散行为进行研究。逸度模型借助数学模型，对水体 PAHs 的扩散状态进行分析，对 PAHs 的风险预警有着重要作用。本节基于水、沉积物 PAHs 的分布特征，利用逸度模型，对 PAHs 在水-沉积物界面的扩散行为进行研究，研究结果对于揭示香溪河 PAHs 的环境行为有积极意义。

5.2.1　香溪河库湾表层水体多环芳烃分布规律

香溪河流域表层水体中 16 种 PAHs 都被检出，见表 5.3。由表 5.3 可知，香溪河流域水体总 PAHs 浓度范围为 $178.00 \sim 294.53$ ng·L^{-1}，浓度最高点出现在冬季（2017 年 12 月）靠近长江入江口位置的 D4 样点，浓度最低点出现在春季（2018 年 3 月）的 D2 样点。其中 Nap 的浓度范围为 $10.15 \sim 30.19$ ng·L^{-1}；Acy 的浓度范围为 $6.29 \sim 31.08$ ng·L^{-1}；Ace 的浓度范围为 $14.27 \sim 44.59$ ng·L^{-1}；Fluo 的浓度范围为 $9.54 \sim 53.55$ ng·L^{-1}；Phe 的浓度范围为 $9.01 \sim 34.98$ ng·L^{-1}；Ant 的浓度范围为 $11.61 \sim 33.97$ ng·L^{-1}；Flua 的浓度范围为 $8.98 \sim 38.39$ ng·L^{-1}；Pyr 的浓度范围为 $18.80 \sim 49.30$ ng·L^{-1}；Chry 的浓度范围为 $0.43 \sim 1.96$ ng·L^{-1}；BaA 的浓度范围为 $4.34 \sim 10.42$ ng·L^{-1}；BbF 的浓度范围为 $1.59 \sim 7.36$ ng·L^{-1}；BkF 的浓度范围为 $1.83 \sim 7.46$ ng·L^{-1}；BaP 的浓度范围为 $1.53 \sim 4.04$ ng·L^{-1}；DBA 的浓度范围为 $2.76 \sim 6.14$ ng·L^{-1}；BghiP 的浓度范围为 $1.22 \sim 5.49$ ng·L^{-1}；IncdP 的浓度范围为 $3.44 \sim 9.05$ ng·L^{-1}。16 种 PAHs 单体的变异系数范围为 $0.22 \sim 0.43$，均小于 1，属于中等变异，主要是由于水体具有流动性，使得 PAHs 各单体在水体中分布较为均匀。香溪河表层水体主要以 3、4 环 PAHs 为主，2 环的 PAHs 由于蒸汽压低、苯环个数少而易挥发降解；而高环 PAHs 具有亲脂性和强疏水性，倾向于吸附到颗粒物表面，少以水体溶解态的形式存在[1]。由表 5.3 可知，香溪河表层水体以中低环 PAHs 单体 Nap、Acy、Ace、Fluo、Phe、Ant、Flua 和 Pyr 为主，与部分中环以及全部高环 PAHs 整体存在较大差异。

表 5.3　香溪河表层水体 16 种 PAHs 分布特征

PAHs	浓度均值/(ng·L^{-1})	标准差	变异系数	浓度范围/(ng·L^{-1})
Nap	18.74	5.52	0.29	$10.15 \sim 30.19$
Acy	16.82	6.73	0.40	$6.29 \sim 31.08$
Ace	25.54	9.16	0.36	$14.27 \sim 44.59$
Fluo	22.96	10.31	0.45	$9.54 \sim 53.55$
Phe	19.86	6.80	0.34	$9.01 \sim 34.98$
Ant	20.52	5.95	0.29	$11.61 \sim 33.97$

PAHs	浓度均值/(ng·L^{-1})	标准差	变异系数	浓度范围/(ng·L^{-1})
Flua	23.73	8.48	0.36	8.98~38.39
Pyr	36.05	8.46	0.23	18.80~49.30
Chry	1.17	0.50	0.43	0.43~1.96
BaA	7.32	1.64	0.22	4.34~10.42
BbF	4.29	1.33	0.31	1.59~7.36
BkF	4.88	1.61	0.33	1.83~7.46
BaP	2.87	0.78	0.27	1.53~4.04
DBA	4.55	0.99	0.22	2.76~6.14
BghiP	2.72	1.02	0.38	1.22~5.49
IncdP	6.27	1.58	0.25	3.44~9.05
2 环	18.74	5.52	0.29	10.15~30.19
3 环	105.70	23.53	0.22	71.19~171.86
4 环	68.26	14.91	0.22	45.62~91.84
5 环	16.59	4.17	0.25	8.55~22.92
6 环	8.99	2.19	0.24	4.66~12.78
总 PAHs	218.28	33.29	0.15	178.00~294.53

5.2.2 香溪河库湾表层水体多环芳烃与环境因子的耦合关系

对香溪河表层水体的理化性质,包括总氮(TN)、总磷(TP)、浊度(SD)、溶解氧(DO)与水体 16 种 PAHs 单体及总量之间的相关性进行分析,分析结果见表 5.4。由表 5.4 可知 5 环(Ring-5)和 6 环(Ring-6)PAHs 浓度与水体浊度(SD)存在显著正相关关系($p<0.05$)。任东华等[15]研究指出,水体浊度升高会导致水体颗粒物浓度升高,从而引起水中有机污染物浓度的升高。高环 PAHs 由于具有较高的辛醇-水分配系数(K_{ow}),在水中溶解度低,具有很强的疏水性,易吸附在颗粒物表面[16],因此水体浊度越大,颗粒物浓度越高,高环 PAHs 的分布比例也越大。PAHs 浓度与水体其他理化性质的相关性并不显著,因为水体 PAHs 分布的影响因素除了水体理化性质外,还与光照、温度、降雨等自然环境以及微生物等生物因子有关,外界影响因素越多,PAHs 浓度与某一环境因子的相关性就会减弱。

表 5.4 表层水体 PAHs 与水体理化性质之间的相关性分析

类别	TN	SD	DO	TP	2 环 PAHs	3 环 PAHs	4 环 PAHs	5 环 PAHs	6 环 PAHs	总 PAHs
TN	1.00									
SD	0.04	1.00								
DO	0.16	−0.07	1.00							

续表

类别	TN	SD	DO	TP	2 环 PAHs	3 环 PAHs	4 环 PAHs	5 环 PAHs	6 环 PAHs	总 PAHs
TP	−0.26	0.17	−0.08	1.00						
2 环 PAHs	0.84	0.09	0.64	−0.38	1.00					
3 环 PAHs	0.46	−0.54	−0.37	−0.67	0.18	1.00				
4 环 PAHs	0.49	0.07	0.10	−0.37	0.82	0.52	1.00			
5 环 PAHs	0.32	0.88*	0.01	−0.28	0.40	−0.17	0.39	1.00		
6 环 PAHs	0.11	0.95*	−0.32	0.28	−0.02	−0.42	0.13	0.80	1.00	
总 PAHs 浓度	0.65	−0.38	−0.27	−0.70	0.39	0.97**	0.72	0.02	−0.28	1.00

注：*表示 $p < 0.05$，显著相关；**表示 $p < 0.01$，极显著相关。

5.2.3　香溪河库湾水-沉积物界面多环芳烃扩散行为研究

基于香溪河水体野外监测数据，运用逸度模型分析 PAHs 在水-沉积物界面的扩散行为，判断沉积物作为二次污染源释放的风险。研究中用总逸度分数（ff）判断污染的扩散过程，总逸度分数见式（5.1）：

$$ff = \frac{f_s}{f_s + f_w} = \frac{\dfrac{f_s}{f_w}}{\dfrac{f_s}{f_w} + 1} \tag{5.1}$$

$$f_s = \frac{C_s \times \rho_s}{Z_s} \tag{5.2}$$

$$f_w = \frac{C_w}{Z_w} \tag{5.3}$$

式中，水相逸度（f_w）和沉积物逸度（f_s）通过式（5.2）和式（5.3）计算。C_s 为沉积物中 PAHs 浓度，$ng·g^{-1}$；C_w 为水体中 PAHs 浓度，$ng·L^{-1}$；ρ_s 为沉积物密度，$kg·m^{-3}$，取 $1500\ kg·m^{-3}$；Z_s 为沉积物中的逸度容量，$mol·m^{-3}·Pa^{-1}$；Z_w 为水中的逸度容量 $mol·m^{-3}·Pa^{-1}$。

沉积物和水体中的逸度容量可以通过式（5.4）和式（5.5）计算：

$$Z_s = K_{oc} \times \frac{f_{oc}}{H} \tag{5.4}$$

$$Z_w = \frac{1}{H} \tag{5.5}$$

式中，K_{oc} 为有机碳归一化分配系数；f_{oc} 为有机碳含量，$g·g^{-1}$；H 为亨利常数。

其中，K_{oc} 可以运用式（5.6）通过 K_{ow} 进行估算，K_{ow} 为辛醇-水分配系数。16 种 PAHs 的 $\lg K_{ow}$ 和 $\lg K_{oc}$ 见表 5.5。

$$\lg K_{oc} = 0.73 \lg K_{ow} + 2.82 \tag{5.6}$$

因此，污染物在水-沉积物相界面的逸度分数可以表示为

$$\frac{f_{\mathrm{s}}}{f_{\mathrm{w}}} = \frac{C_{\mathrm{s}} \times \rho_{\mathrm{s}} \times Z_{\mathrm{w}}}{C_{\mathrm{w}} \times Z_{\mathrm{s}}} = \frac{C_{\mathrm{s}} \times \rho_{\mathrm{s}}}{C_{\mathrm{w}} \times K_{\mathrm{oc}} \times f_{\mathrm{oc}}} \tag{5.7}$$

表 5.5　16 种 PAHs 的 lgK_{ow} 和 lgK_{oc} 值

PAHs 类型	lg K_{ow}	lg K_{oc}	PAHs 类型	lg K_{ow}	lg K_{oc}
Nap	3.37	3.08	Chry	5.86	5.37
Acy	3.92	3.7	BaA	5.91	5.37
Ace	3.94	3.68	BbF	6.57	5.82
Fluo	5.33	3.93	BkF	6.84	5.82
Phe	4.57	4.21	BaP	7.23	5.67
Ant	4.54	4.2	DBA	6.75	6.19
Flua	4.18	4.68	BghiP	7.23	6.26
Pyr	5.32	4.68	IncdP	7.66	6.26

夏季沉积物中有机碳质量分数（f_{oc}）的范围为 1.02%～2.90%，均值为 2.06%。根据式（5.1）计算基于沉积物有机碳质量分数的 PAHs 逸度分数 ff$_{f(\mathrm{oc})}$，计算结果见表 5.6，如表 5.6 所示，夏季各 PAHs 单体基于有机碳均值的逸度分数值 ff$_{f(\mathrm{oc})\mathrm{mean}}$ 变化范围为 0～0.994，均值为 0.485。由图 5.4 可知，16 种 PAHs 单体的逸度分数 ff$_{f(\mathrm{oc})\mathrm{mean}}$ 随着 PAHs 苯环个数的增加而降低。PAHs 单体如 Nap、Acy、Phe、Flua、Chry 和部分样点 Ant 的 ff$_{f(\mathrm{oc})\mathrm{mean}}$ 值都大于 0.8，表明这些 PAHs 单体在水-沉积物界面处于从沉积物向水体释放的状态，对这几种 PAHs 单体而言，沉积物是 PAHs 的 "源"；部分 PAHs 单体如 Fluo、Ant、Pyr、BaA 和 BbF 的 ff$_{f(\mathrm{oc})\mathrm{mean}}$ 值介于 0.2～0.8，表明这几种 PAHs 单体在水-沉积物界面处于动态平衡的状态。高环 PAHs 如 BkF、BaP、DBA、BghiP 和 IncdP 的 ff$_{f(\mathrm{oc})\mathrm{mean}}$ 值小于 0.2，表明这几种 PAHs 单体在水-沉积物界面处于由水体向沉积物中迁移沉降的状态，对于高环 PAHs，沉积物是 "汇"。

表 5.6　4 个季节水-沉积物界面逸度分数均值

PAHs 类型	夏季（2017 年 6 月）		秋季（2017 年 9 月）		冬季（2017 年 12 月）		春季（2018 年 3 月）	
	均值	范围	均值	范围	均值	范围	均值	范围
Nap	0.987	0.982～0.994	0.958	0.897～0.978	0.981	0.975～0.985	0.960	0.933～0.978
Acy	0.926	0.899～0.962	0.672	0.439～0.802	0.826	0.780～0.857	0.688	0.559～0.806
Ace	0.001	0.000～0.001	0.001	0.000～0.001	0.006	0.004～0.007	0.600	0.463～0.739
Fluo	0.420	0.340～0.595	0.349	0.170～0.513	0.256	0.204～0.302	0.458	0.327～0.614
Phe	0.959	0.943～0.979	0.681	0.450～0.808	0.876	0.841～0.899	0.599	0.462～0.738
Ant	0.764	0.697～0.868	0.671	0.438～0.801	0.830	0.784～0.860	0.785	0.677～0.873
Flua	0.946	0.925～0.973	0.859	0.699～0.923	0.941	0.923～0.953	0.928	0.881～0.960
Pyr	0.629	0.546～0.775	0.500	0.276～0.663	0.715	0.652～0.760	0.647	0.513～0.775
Chry	0.927	0.900～0.963	0.627	0.391～0.768	0.900	0.870～0.919	0.970	0.950～0.984
BaA	0.413	0.333～0.588	0.254	0.115～0.401	0.606	0.534～0.660	0.403	0.279～0.559

续表

PAHs 类型	夏季（2017 年 6 月）		秋季（2017 年 9 月）		冬季（2017 年 12 月）		春季（2018 年 3 月）	
	均值	范围	均值	范围	均值	范围	均值	范围
BbF	0.277	0.214~0.437	0.184	0.079~0.308	0.475	0.402~0.532	0.369	0.252~0.524
BkF	0.144	0.106~0.254	0.088	0.036~0.160	0.271	0.217~0.318	0.220	0.140~0.347
BaP	0.137	0.101~0.244	0.104	0.043~0.187	0.302	0.244~0.352	0.157	0.097~0.259
DBA	0.124	0.091~0.223	0.038	0.015~0.072	0.136	0.105~0.165	0.085	0.051~0.149
BghiP	0.03	0.021~0.058	0.053	0.021~0.099	0.108	0.083~0.132	0.091	0.055~0.159
IncdP	0.073	0.053~0.137	0.019	0.007~0.037	0.067	0.051~0.083	0.039	0.023~0.071

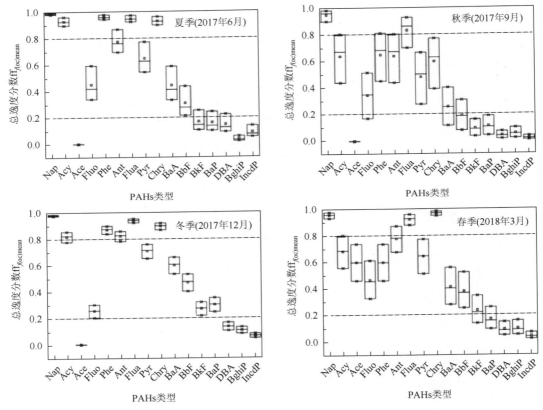

图 5.4　PAHs 在水-沉积物界面扩散的逸度分数

秋季沉积物中有机碳质量分数（f_{oc}）的范围为 1.48%~7.65%，均值为 2.92%。由表 5.6 可知，秋季基于有机碳均值的各 PAHs 单体逸度分数 $ff_{f(oc)mean}$ 变化范围为 0.001~0.978，均值为 0.379。秋季 16 种 PAHs 单体的总逸度分数表现为随 PAHs 苯环个数的增加而逐渐降低。在秋季只有 Nap 和部分样带 Flua 的 $ff_{f(oc)mean}$ 大于 0.8，表明秋季只有 PAHs 单体 Nap 和 Flua 处于由沉积物向水体释放的状态，沉积物对 Nap 和 Flua 来说是"源"。大部分 3 环和 4 环 PAHs（如 Acy、Fluo、Phe、Ant、Flua、Pyr、Chry 和 BaA）的 $ff_{f(oc)mean}$ 介于 0.2~0.8，处于动态平衡的状态；5 环和 6 环 PAHs（如 Ace、BbF、BkF、BaP、DBA、

BghiP、IncdP)的 $\text{ff}_{f\text{(oc)mean}}$ 在大部分样点都小于 0.2,表明其处于水体向沉积物中沉降迁移的状态,沉积物扮演 PAHs"汇"的角色。

　　冬季沉积物有机碳的质量分数 (f_{oc}) 的范围为 1.25%~2.10%,均值为 1.57%。由表 5.6 可知,冬季基于有机碳质量分数均值的各 PAHs 单体逸度分数 $\text{ff}_{f\text{(oc)mean}}$ 变化范围为 0.004~0.985,均值为 0.519。冬季 16 种 PAHs 单体的逸度分数总体表现为高环 PAHs 小于低环 PAHs。其中,PAHs 单体(如 Nap、Acy、Phe、Ant、Flua、Chry)的 $\text{ff}_{f\text{(oc)mean}}$ 大于 0.8,表现为由沉积物向水体释放的状态;部分中高环的 PAHs(如 Fluo、Pyr、BaA、BbF、BkF)的 $\text{ff}_{f\text{(oc)mean}}$ 介于 0.2~0.8,表明这几种 PAHs 单体处于动态平衡状态;高环 PAHs(如 DBA、BghiP 和 IncdP)的 $\text{ff}_{f\text{(oc)mean}}$ 小于 0.2,表现为由水体向沉积物中沉降累积的状态。

　　春季沉积物有机碳的质量分数范围为 1.02%~3.35%,均值为 1.93%。由表 5.6 可知,春季基于有机碳均值的各 PAHs 单体逸度分数 $\text{ff}_{f\text{(oc)mean}}$ 变化范围为 0.023~0.978,均值为 0.5000。春季 16 种 PAHs 单体的总逸度分数也表现为高环 PAHs 的 $\text{ff}_{f\text{(oc)mean}}$ 小于低环 PAHs。其中 PAHs 单体(如 Nap、Flua 和 Chry)的 $\text{ff}_{f\text{(oc)mean}}$ 大于 0.8,表现为由沉积物向水体释放的状态;部分中高环的 PAHs(如 Ace、Fluo、Phe、Pyr、BaA、BbF、BkF)的 $\text{ff}_{f\text{(oc)mean}}$ 介于 0.2~0.8,表明这几种 PAHs 单体处于动态平衡状态;高环 PAH(如 BaP、DBA、BghiP 和 IncdP)的 $\text{ff}_{f\text{(oc)mean}}$ 小于 0.2,表现为由水体向沉积物沉降的状态。

　　表 5.7 中,夏季各样点 $\text{ff}_{f\text{(oc)mean}}$ 大于 0.8 的比例为 31.25%,小于 0.2 的比例占 35.00%,介于 0.2~0.8 的占 33.75%;秋季各样点 $\text{ff}_{f\text{(oc)mean}}$ 大于 0.8 的比例为 11.25%,小于 0.2 的比例占 46.25%,介于 0.2~0.8 的占 42.50%;冬季各样点 $\text{ff}_{f\text{(oc)mean}}$ 大于 0.8 的比例为 30.00%,小于 0.2 的比例占 31.25%,介于 0.2~0.8 的占 38.75%;春季各样点 $\text{ff}_{f\text{(oc)mean}}$ 大于 0.8 的比例为 17.50%,小于 0.2 的比例占 38.75%,介于 0.2~0.8 的占 43.75%。夏季和秋季各样点 PAHs 单体的总逸度分数小于 0.2 的比例最高,因此夏季和秋季水体和沉积物界面 PAHs 的扩散行为主要以向沉积物中沉降累积为主,沉积物主要扮演"汇"的角色。冬季和春季,各样点 PAHs 单体主要以 0.2~0.8 的比例最大,因此,冬季和春季 PAHs 在水-沉积物界面主要以动态平衡扩散为主。由分析可知,四个季节 PAHs 单体在水-沉积物界面的三个状态比例差别不太明显,特别是夏季和冬季各状态比例相差不大,实际处于临界变化状态,虽然根据目前各状态比例判断沉积物不存在二次污染的风险,但是鉴于冬季和夏季各状态比例接近一个临界值,所以仍然存在潜在的释放风险,需持续对水体和沉积物 PAHs 进行监测,防止 $\text{ff}_{f\text{(oc)mean}}$ 大于 0.8 的比例继续增大,导致沉积物中 PAHs 二次释放。由沉积物向水体释放的 PAHs 主要以中低环 PAHs 为主,由水体向沉积物沉降的 PAHs 主要以高环 PAHs 为主,其原因在于高环 PAHs 的强疏水性导致其倾向于吸附到固体颗粒上,最终沉降到沉积物;而低环 PAHs 由于辛醇-水分配系数低,且较易溶于水,表现出向水体迁移的趋势[14]。

表 5.7　四个季节水-沉积物界面逸度分数均值分布情况

范围	夏季		秋季		冬季		春季	
	样点个数/个	比例/%	样点个数/个	比例/%	样点个数/个	比例/%	样点个数/个	比例/%
>0.8	25	31.25	9	11.25	24	30.00	14	17.50
<0.2	28	35.00	37	46.25	25	31.25	31	38.75
0.2~0.8	27	33.75	34	42.50	31	38.75	35	43.75

5.3　香溪河库湾不同海拔消落带土壤多环芳烃的分布特征及其对水位消涨的响应

三峡大坝建成后，采取与自然节律相反的"夏落冬涨"水位调度模式，即每年汛期（6～9月）下降至最低水位145 m，汛期结束后，从10月开始升至最高水位175 m，次年3月水位重新开始下降，直至6月回落至145 m形成一个完整的消涨周期。周期性水位消涨对库区生态环境产生了重大的影响，使得库区水土流失加剧[17]、生物多样性锐减[18]、水华频发[19]、重金属[20]和微塑料[21]富集等环境问题凸显，引起国内外学者的广泛关注。水位消涨从不同方面影响库区各区域的环境，既改变了各区域环境理化特征，也改变了各区域污染物的迁移转化途径。

本节主要基于不同海拔消落带土壤PAHs分布的差异，研究不同水位下各海拔消落带土壤PAHs的特征，探究香溪河库湾不同海拔消落带土壤PAHs对水位消涨的响应规律，研究结果对于探索消落带土壤PAHs的迁移转化机制有着重要意义。

5.3.1　香溪河库湾各海拔消落带土壤多环芳烃分布特征

以香溪河不同海拔消落带土壤为研究对象，研究香溪河各海拔消落带土壤 PAHs 自2017年6月到2018年3月的时空特征。每个样点分上层土 S（0～20 cm）和下层土 X（20～40 cm）分别进行取样，消落带各海拔上层和下层土壤中PAHs的分布特征如表5.8所示。

表 5.8　各海拔消落带土壤 16 种 PAHs 垂直分布特征

PAHs 类型	上层土 PAHs 含量/(ng·g⁻¹)				下层土 PAHs 含量/(ng·g⁻¹)			
	145 m	155 m	165 m	175 m	145 m	155 m	165 m	175 m
Nap	65.99	27.64	56.70	65.94	122.82	106.13	69.91	81.54
Acy	14.09	11.11	9.06	8.89	24.17	18.18	7.55	10.11
Ace	28.51	25.63	12.30	19.69	5.06	64.54	16.50	22.50
Fluo	35.00	19.25	23.18	16.89	57.98	53.49	29.55	30.42
Phe	69.30	110.74	74.33	99.78	103.63	80.32	56.66	77.84
Ant	16.98	19.01	32.98	20.85	23.18	22.12	21.67	24.35
Flua	33.30	25.60	51.20	48.94	52.68	57.65	47.11	60.82
Pyr	34.39	50.18	57.48	57.43	34.76	49.67	46.23	58.02
Chry	18.44	7.88	21.95	20.19	24.18	19.24	17.97	17.62
BaA	20.16	14.53	29.47	28.02	31.29	22.31	24.52	22.58
BbF	17.36	13.55	24.20	17.66	33.12	23.28	18.49	22.62

PAHs 类型	上层土 PAHs 含量/(ng·g⁻¹)				下层土 PAHs 含量/(ng·g⁻¹)			
	145 m	155 m	165 m	175 m	145 m	155 m	165 m	175 m
BkF	22.25	10.89	19.70	17.03	37.20	8.80	18.89	11.3
BaP	15.92	19.73	19.59	16.72	18.97	15.48	18.59	13.97
DBA	9.77	6.58	5.93	5.79	6.83	7.41	5.07	5.18
BghiP	4.70	6.13	6.39	5.01	10.66	8.78	7.48	5.09
IncdP	10.25	12.74	17.24	16.51	11.65	16.6	11.87	13.92
总 PAHs	416.41	381.19	461.72	465.34	598.18	574	418.06	477.88

土壤 16 种 PAHs 单体在不同海拔消落带上层土和下层土中主要以中低环 PAHs 为主，以单体 Nap 和 Phe 含量最大。不同海拔消落带上层土和下层土壤 PAHs 的分布差异性较大，各海拔上层土 PAHs 含量的大小顺序为：175 m（均值为 465.34 ng·g⁻¹；范围为 115.87~1823.13 ng·g⁻¹）>165 m（均值为 461.72 ng·g⁻¹；范围为 43.60~1479.60 ng·g⁻¹）>145 m（均值为 416.41 ng·g⁻¹，范围为 89.64~872.48 ng·g⁻¹）>155 m（均值为 381.19 ng·g⁻¹；范围为 86.36~750.40 ng·g⁻¹），距离消落带上缘越近，土壤 PAHs 含量越高。145 m 土壤由于长期处于水位波动区，受水体和沉积物 PAHs 交换的影响，也表现相对 155 m 较高的 PAHs 含量，说明消落带 155~175 m 上层土中的 PAHs 含量可能主要来自上缘 PAHs 源的释放，受库岸环境的影响较大。而消落带 145 m 处上层土壤 PAHs 含量主要受水体和沉积物中 PAHs 源释放的影响，水体 PAHs 含量的交换对消落带上层土壤 PAHs 的影响小于库岸带 PAHs 源的排放。

消落带不同海拔下层土壤 PAHs 总量，除了 165 m 外，均大于上层土。研究结论与苗迎等[22]的研究结论不一致，苗迎等对南宁市 0~20 cm 和 20~40 cm 处土壤 PAHs 的垂直分布特征进行研究时发现，0~20 cm 处的土壤 PAHs 含量大于 20~40 cm 处的土壤 PAHs 含量，土壤中的黏土层对 PAHs 的垂直迁移起到了重要的阻隔作用。而香溪河消落带土壤与南宁市土壤特征不一样，由于水位周期性消涨，消落带土壤结构处于不稳定的状态，在侵蚀冲刷再覆盖累积的过程中不断变化，上层土壤中 PAHs 较下层土壤更容易挥发到大气中，也易被光解以及冲刷流失。海拔 165 m 处的异常情况可能与 165 m 海拔的植被恢复良好有关[23]，植物对下层土壤 PAHs 的吸收和降解作用会影响下层土壤 PAHs 的分布。消落带各海拔下层土壤 PAHs 含量的大小顺序为：145 m（均值为 588.11 ng·g⁻¹；范围为 105.55~2109.53 ng·g⁻¹）>155 m（均值为 569.90 ng·g⁻¹；范围为 114.74~1592.05 ng·g⁻¹）>175 m（均值为 477.90 ng·g⁻¹；范围为 67.77~1168.96 ng·g⁻¹）>165 m（均值为 418.05 ng·g⁻¹；范围为 48.13~1060.95 ng·g⁻¹）。消落带各海拔下层土壤中 PAHs 含量与上层土壤不一致，下层土的 PAHs 迁移性较上层土弱，受外界环境的影响较小，主要是 PAHs 累积的过程，在水位回落过程中，水体上游挟带以及消落带较高海拔土壤释放的 PAHs 逐渐向低海拔土壤迁移，造成下层土 PAHs 在最低海拔处不断累积，并不断被上层泥沙覆盖。因此，消落带下层土 PAHs 的分布可以更好地反映水位消涨对消落带各海拔土壤 PAHs 的影响。

由图 5.5 可知，海拔 145～155 m 段消落带 2、3 环 PAHs 的比例显著大于 165～175 m 段，主要是由于低环 PAHs 的辛醇-水分配系数较低，在水中溶解度相对较高，在水位消涨的过程中具有较高的迁移能力。上层土中 2 环 PAHs（Nap）的比例均显著小于下层土，主要是由于 2 环 Nap 在表层土中更容易被挥发和降解，该结论与王雪莉[23]的研究结论一致。

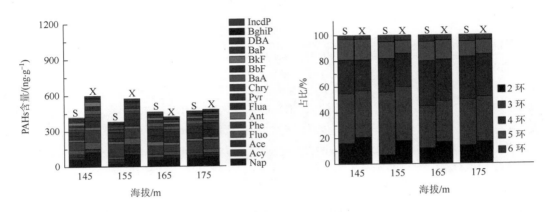

图 5.5　消落带土壤 PAHs 的垂直方向时空分布特征

5.3.2　不同海拔消落带土壤多环芳烃对水位消涨的响应

1. 水位消涨前后消落带土壤 16 种多环芳烃分布特征

由于 16 种 PAHs 单体的物理化学性质不一样，对水位消涨的响应程度也不一样。由表 5.9 可知，不同海拔消落带土壤 16 种 PAHs 都有检出，消涨前消落带 16 种土壤 PAHs 的总含量为 477.03～900.15 ng·g^{-1}；在经历了一个周期水位消涨后，消落带土壤 16 种 PAHs 总含量为 673.62～1267.62 ng·g^{-1}；水位消涨前后 PAHs 均以 2～4 环 PAHs 为主，主要是因为低环 PAHs 具有更高的蒸气压，有长距离迁移的能力，因此它们更容易通过大气迁移到土壤中[24]，该结论与 Hu 等[25]的研究结论一致。研究指出，当土壤 PAHs 含量在 1～10 ng·g^{-1} 时，便能指示土壤中 PAHs 来自植物分解和火灾，当 PAHs 含量大于 10 ng·g^{-1} 时，提示 PAHs 来源于人为因素[26]。本书研究中 PAHs 含量均大于 10 ng·g^{-1}，提示 PAHs 来源于人为因素。与水位消涨前相比，消涨后 16 种 PAHs 平均含量增加了 40.96%，其中 2 环和 3 环 PAHs 在水位消涨后分别降低了 34.19% 和 9.85%；4～6 环 PAHs 在消涨后分别增加了 55.31%，66.43%，84.56%，说明低环的 PAHs 在消涨后以自由溶解态或者颗粒态形式迁移到水体中，而高环 PAHs 则在消落带土壤中逐渐富集，环数越高，富集比例越大，这与 PAHs 单体的辛醇-水分配系数有关[20]。水位消涨前 PAHs 的毒性当量为 36.46 ng·g^{-1}，消涨后的毒性当量为 65.65 ng·g^{-1}，相对于消涨前毒性当量增加了 44.46%，说明水位消涨加剧了消落带土壤 PAHs 的风险。

表 5.9　水位消涨前后消落带土壤 16 种 PAHs 分布特征

PAHs 类型	消涨前（2017 年 6 月）PAHs 含量/(ng·g^{-1})			消涨后（2018 年 6 月）PAHs 含量/(ng·g^{-1})		
	均值	标准差	范围	均值	标准差	范围
Nap	101.16	38.73	66.88~167.81	66.58	28.49	23.69~91.43
Acy	14.09	1.20	12.71~15.29	14.09	1.09	13.00~16.18
Ace	27.68	11.35	14.09~45.09	28.78	44.86	0.00~112.90
Fluo	42.37	28.96	16.10~89.73	2.13	4.73	0.00~10.59
Phe	104.09	31.44	86.46~159.95	91.95	33.24	50.88~125.20
Ant	29.16	12.75	20.08~51.08	59.03	10.33	48.96~73.09
Flua	59.11	21.53	41.62~94.93	157.75	47.29	104.26~213.85
Pyr	61.53	24.69	34.58~100.10	140.98	38.82	99.74~190.25
Chry	20.40	5.95	13.56~29.79	19.07	6.83	11.33~28.23
BaA	26.34	8.23	18.42~40.24	56.80	12.96	42.26~72.67
BbF	26.89	8.30	18.42~40.34	73.29	30.45	38.98~112.58
BkF	18.41	7.99	9.84~29.73	113.83	49.41	65.16~187.41
BaP	18.68	5.50	14.29~28.22	17.05	9.13	6.50~29.98
DBA	8.02	1.06	6.83~9.26	10.30	0.99	9.03~11.71
BghiP	5.94	1.91	3.01~7.68	10.05	7.74	0~21.25
IncdP	13.58	2.18	10.95~16.64	116.37	49.33	59.79~177.64
2 环	101.16	38.73	66.88~167.81	66.58	28.49	23.69~91.43
3 环	217.39	70.09	176.38~343.19	195.97	44.70	131.50~248.41
4 环	167.39	57.90	123.53~265.07	374.60	85.08	282.66~475.69
5 环	72.00	19.15	52.86~101.07	214.46	84.40	125.47~332.73
6 环	19.52	2.92	16.22~23.01	126.42	46.42	80.62~190.14
总 PAHs	577.46	179.42	477.03~900.15	978.02	237.59	673.62~1267.62
TEQ$_{BaP}$	36.46	8.59	31.58~51.45	65.65	20.54	44.26~89.95

注：TEQ$_{BaP}$ 表示 BaP 毒性当量（苯并芘毒性当量）。

2. 水位消涨前后消落带土壤多环芳烃水平分布特征

在水位周期性消涨过程中，水体的流速会发生显著改变，在蓄水期处于低流速状态，在泄水时，流速急增，导致香溪河沿水平方向消落带土壤 PAHs 的分布受到影响。由图 5.6 可知，水位周期性消涨对消落带 PAHs 水平分布特征也产生了一定的影响。水位消涨前，消落带土壤水平分布整体呈现两头高中间低的特征；水位消涨后，各水平样带 PAHs 整体变化趋势基本还是呈现两头高中间低的趋势，但是大部分水平样带 PAHs 总量较消涨前显著增加，PAHs 总量在 Y2 样带增加了 74.88%，在 Y3 样带增加了 79.73%，在 Y4 样带增加了 66.64%，在 Y5 样带增加了 62.44%，在 Y6 样带增加了 56.55%，在 Y7 样带增加了 12.92%，而在 Y1 样带 PAHs 总量降低了 1.85%。沿水平方向，水位消涨前后在 Y2～Y6 样带都有显著的增量，在 Y7 的增量不显著，在 Y1 样带甚至略有降低，主要是由于

Y1 和 Y7 样带是较为特殊的地带，受人为因素及其他自然环境因素的干扰较大。水平样带各 PAHs 单体以 4～6 环 PAHs 单体的增量最为明显，并沿水流方向表现为向下游累积。因此，消落带水平样带 PAHs 在水位消涨过程中表现为在中游地段 PAHs 显著累积，水平样带 PAHs 的分布特征主要受水位消涨过程中水动力学改变的影响[27]。

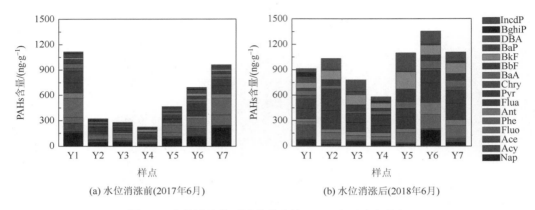

图 5.6　水位消涨前后消落带土壤 PAHs 水平分布特征

3. 水位消涨前后消落带土壤多环芳烃垂直分布特征

在水位淹没-落干过程中，消落带垂直方向各海拔土壤中的 PAHs 经历一个吸附—解析的动态变化过程，导致消落带不同海拔 PAHs 分布存在差异。由图 5.7 可知，水位消涨前，PAHs 含量在海拔 155 m 处最低，但是四个海拔之间的差异性并不明显。水位消涨前消落带 PAHs 的分布特点主要与上一个消涨周期有关。水位消涨后，各个海拔消落带土壤 PAHs 的含量显著增加，自 145 m 到 165 m 土壤 PAHs 含量逐渐降低，在 175 m 再次升高。水位消涨后消落带土壤 PAHs 含量较水位消涨前在 145 m 处增加了 52.80%，在 155 m 处增加了 40.94%，在 165 m 处增加了 23.60%，在 175 m 处增加了 60.02%。145 m 处和 175 m 处的增量最大，可能原因是 175 m 消落带土壤靠近库岸，受消落带上缘 PAHs 污染源的影

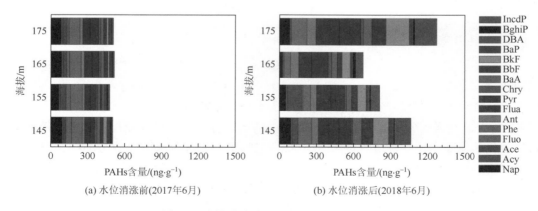

图 5.7　水位消涨前后 PAHs 垂直分布特征

响较大；145 m 海拔最低，因此容纳了更多来自雨水径流挟带的 PAHs。145 m 处土壤淹没强度最大，与水体和沉积物 PAHs 的交换机会也会更多，在水位消涨过程中更容易吸附水体中的 PAHs。在水位消涨前后，各海拔消落带土壤高环 PAHs 含量也显著增加，主要是由于高环 PAHs 疏水性较强，在 PAHs 迁移的过程中易于吸附在土壤颗粒上，且由于其难降解的特性，逐渐在土壤中累积[28]。

4. 水位消涨对不同海拔消落带土壤多环芳烃组成的影响

在水位消涨的过程中，由于水平样带所处的地形以及自然环境不同，各样带 PAHs 的组成比例在水位消涨前后也各不相同。由图 5.8 可知，水位消涨前后，沿水平方向从峡口镇（Y1）至长江入江口（Y7）PAHs 的组成比例发生了显著的变化。具体表现为，水位消涨后，各水平样带 2 环和 3 环 PAHs 的比例显著下降，4～6 环 PAHs 比例显著上升，且沿水平方向向下游累积。可能是由于低环 PAHs 较高环 PAHs 更容易被微生物降解，较易释放到水体中，从而从消落带土壤中流失掉。高环 PAHs 在水位消涨过程中，一方面吸附上游水体中高环 PAHs，另一方面以泥沙流失的形式向下游消落带土壤及沉积物中累积。

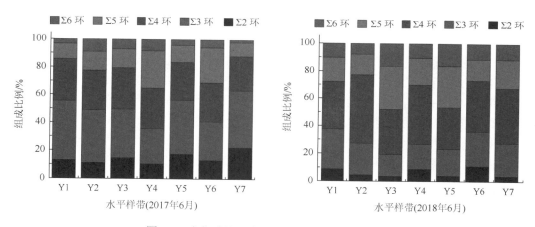

图 5.8　水位消涨对水平样带 PAHs 组成的影响

在水位消涨过程中，由于各海拔消落带土壤 PAHs 的来源以及淹没-落干的频率不一样，在垂直方向各海拔的 PAHs 组成比例也不相同。由图 5.9 可知，水位消涨后各海拔 PAHs 组成比例发生了明显改变，表现为 2、3 环 PAHs 比例减少，4～6 环 PAHs 比例增大，主要是因为低环 PAHs 更易于被微生物降解[24]。水位消涨前后相比 2 环 PAHs 在 165 m 处降低比例最大（80%），3 环 PAHs 在 175 m 处降低比例最多（51.86%）；而中高环 PAHs（4～6 环）比例增加，4 环 PAHs 最大增量在 165 m 处（34.24%），5 环 PAHs 最大增量在 175 m 处（54.06%），6 环 PAHs 最大增量在 175 m 处（78.67%）。在海拔 165～175 m 处，2、3 环降幅最大，4～6 环增幅最大，因此，消落带海拔 165～175 m 区域是 PAHs 交换最为活跃的区域，水位消涨对垂直样带较高海拔样带的 PAHs 组成影响最大，主要是由于海拔 165 m 附近的消落带有机碳累积速率最快[29]，微生物代谢也相对最为活跃[30]，有机质的分解矿化作用相对更明显[31]，这些因素都对 PAHs 在土壤中的赋存形态有明显的影响。

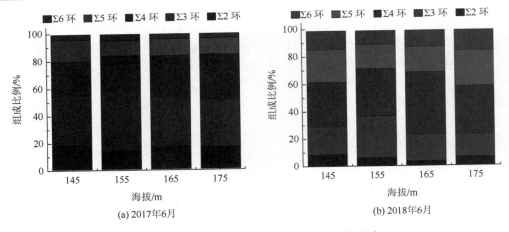

(a) 2017年6月　　　　　　　　　　(b) 2018年6月

图 5.9　水位消涨对垂直样带 PAHs 组成的影响

5.4　香溪河库湾多环芳烃溯源分析及风险评价

污染物的来源和对环境产生的风险是环境治理过程中需要及时了解的信息。关于 PAHs 溯源分析有很多方法，目前常用的 PAHs 污染源定性研究方法主要为比值法，定量源解析模型主要包括多元统计类方法和化学质量平衡模型（chemical mass balance model，CMB），本书基于主成分分析法（principal component analysis，PCA）研究香溪河 PAHs 来源。

环境中的 PAHs 由于其"三致"毒性，对生态环境以及人体健康都会产生一定的风险。有效的数学模型可以很好地对 PAHs 的环境风险进行评估。本书基于 PAHs 的浓度分布特征，利用安全阈值模型和终身致癌风险评价模型分别对香溪河 PAHs 的生态风险和健康风险进行评价，为香溪河 PAHs 的污染修复提供理论参考。

5.4.1　香溪河库湾多环芳烃溯源分析

本书运用 SPSS 17.0 软件，通过主成分分析（PCA）方法对四个季节香溪河表层水体 16 种 PAHs 运用 Principal Compounds 因子提取方法进行主成分提取，特征值设为 1，选用方差最大正交旋转法进行因子旋转，提取累计方差贡献率大于 80% 的因子作为主要成分来解释原始数据的信息，对 PAHs 来源进行判断和分析[32]。四个季节的 KMO（Kaiser-Meyer-Olkin）检验系数均大于 0.5；巴特利特（Bartlett）球形检验数值均小于 0.05，因此能进行主成分分析。在主成分分析的基础上，利用 SPSS 17.0 软件进行多元线性回归，以各个季节主成分因子得分为自变量，以标准化后的 16 种 PAHs 总量为因变量，运用多元线性回归进行多元逐步线性分析，得到各个季节 PAHs 各主成分与 PAHs 总量的回归方程为

$$Z_{PAHs} = a_1 \times Z_1 + a_2 \times Z_2 + a_3 \times Z_3 + \cdots + a_i \times Z_i \qquad (5.8)$$

式中，Z_{PAHs} 为标准化后的 16 种 PAHs 总量；Z_i 为主成分因子 i 的标准化得分；a_i 为第 i 个因子标准化回归系数，因子贡献率为

$$y = a_i \Big/ \sum a_i \qquad (5.9)$$

1. 香溪河库湾表层水体中多环芳烃的溯源分析

本书运用 SPSS 17.0 软件，通过主成分分析（PCA）方法对四个季节香溪河表层水中 16 种 PAHs 进行溯源分析。

根据特征值大于 1 的原则，香溪河流域夏季表层水 16 种 PAHs 共提取三个主因子，三个主因子总方差解释率达到 88.02%，说明提取的三个因子能很好地解释原始数据信息。主成分分析的旋转因子载荷如表 5.10 所示。表层水体夏季 PC1（占总方差的 54.10%）以 Ant、Fluo、Pyr、Chry、BaA、BbF 和 IncdP 为主，IncdP 是柴油燃烧后的产物[32]，Ant、BaA、Chry、BbF 和 Pyr 是煤炭和生物质燃烧标记物[33, 34]，因此 PC1 为化石、煤炭和生物质的混合燃烧源。PC2（占总方差的 20.68%）以 BkF 和 Phe 为主，Venkataramab 和 Friedlander[35]认为 BkF 是柴油机排放的典型污染物，因此 PC2 为柴油机排放源。PC3（占总方差的 13.24%）以高分子量的 DBA 为主，DBA 是汽油不完全燃烧的主要产物，因此 DBA 常被作为汽车尾气排放的典型标志[36]，因此 PC3 主要是交通排放源。

秋季表层水体共提取了三个主成分因子，三个主成分因子总方差解释率达到 87.96%，说明提取的三个因子能很好地解释原始数据信息，主成分分析结果如表 5.10 所示。秋季表层水体 PC1（占总方差的 50.97%）以 4 环及以上的 Pyr、BaA、BbF、BkF、BaP 和 BghiP 为主，文献报道指出，Pyr、BaP、BbF 主要来自煤炭的燃烧[37]，BaA 和 BaP 被认为是生物质和煤燃烧的典型污染物[36]，BghiP 是交通排放的典型污染物[38, 39]，因此 PC1 代表化石、煤和生物质为主的混合燃料源。PC2（占总方差的 21.39%）以 Nap 和 Acy 为主，Nap 所占比例最大，Nap 是原油释放的主要标志[40]，因此 PC2 主要代表原油泄漏源。PC3（占总方差的 15.60%）以 Phe 和 IncdP 为主，因此 PC3 主要是交通排放源。

香溪河流域冬季表层水共提取了三个主成分因子，三个主成分因子总方差解释率达到 91.76%，说明提取的三个因子能很好地解释原始数据信息，主成分分析结果如表 5.10 所示。表层水体样品冬季 PC1（占总方差的 41.77%）以 Fluo、Phe、Ant 为主，Phe、Ant 主要是典型煤与生物质燃烧产物[41]，Fluo 是原油释放的标志[42]，因此 PC1 代表煤、生物质以及化石燃料的混合燃烧源。PC2（占总方差的 28.58%）以 Pyr、BbF 和 BkF 为主，Pyr 和 BbF 都指示化石燃料燃烧[37]，BkF 指示柴油机排放[43]，因此 PC2 代表交通排放源。PC3（占总方差的 21.41%）以 Ace 和 IncdP 为主，Ace 主要来自石油泄漏[44]，IncdP 是柴油燃烧后的产物[32]，因此 PC3 主要来自原油泄漏和柴油不完全燃烧。

香溪河流域春季表层水共提取了三个主成分因子，三个主成分因子总方差解释率达到 94.02%，说明提取的三个因子能很好地解释原始数据信息，主成分分析结果如表 5.10 所示。春季表层水体 PC1（占总方差的 63.53%）以 Pyr、BaA、BbF、BaP、DBA 和 IncdP 为主，据文献报道，Pyr、BaP、BbF 主要来自煤炭的燃烧[37]，BaA 和 BaP 被认为是生物质和煤燃烧的典型污染物[36]，而 IncdP 是柴油燃烧后的产物[32]，因此，PC1 代表煤炭生物质以及化石燃料的混合燃烧源。PC2（占总方差的 19.40%）以 BghiP 为主，BghiP 是交通排放的典型标志[38]，因此 PC2 主要是以汽车尾气不完全燃烧为主的交通排放源。PC3（占总方差的 11.09%）以 BkF 为主，BkF 指示柴油机排放[43]，因此 PC3 认为是柴油机排放源。

表 5.10 香溪河流域表层水体 PAHs 旋转成分矩阵

PAHs 类型	夏季（2017 年 6 月）			秋季（2017 年 9 月）			冬季（2017 年 12 月）			春季（2018 年 3 月）		
	PC1	PC2	PC3	PC1	PC2	PC3	PC1	PC2	PC3	PC1	PC2	PC3
Nap	−0.92	0.15	−0.35	0.15	0.95	0.02	−0.29	−0.87	−0.30	−0.18	−0.97	−0.04
Acy	−0.33	0.20	−0.15	0.42	0.82	−0.28	−0.89	−0.16	0.18	−0.85	0.02	−0.46
Ace	−0.04	−0.10	−0.38	−0.83	0.46	0.18	0.11	−0.51	0.81	−0.33	−0.81	−0.49
Fluo	0.88	−0.03	0.15	−0.98	0.10	0.08	0.87	0.16	0.42	−0.73	−0.43	0.06
Phe	0.38	0.80	0.01	−0.27	0.44	0.82	0.95	−0.25	−0.05	−0.08	−0.51	−0.85
Ant	0.92	0.36	0.11	−0.33	0.61	−0.05	0.83	0.23	0.40	0.68	0.67	−0.02
Flua	0.05	0.31	0.48	−0.72	0.05	−0.69	−0.60	0.47	−0.23	−0.95	−0.30	0.06
Pyr	0.93	0.29	0.18	0.96	0.08	−0.17	0.44	0.80	−0.41	0.94	0.27	0.04
Chry	0.72	0.58	0.19	0.40	0.09	−0.21	0.37	−0.51	−0.61	−0.19	0.63	0.70
BaA	0.89	0.44	0.04	0.98	−0.01	−0.21	−0.02	0.58	−0.80	0.91	0.27	0.05
BbF	0.79	0.57	0.07	0.79	0.38	−0.42	0.12	0.93	−0.21	0.85	0.33	0.31
BkF	0.37	0.85	0.38	0.89	0.33	−0.23	0.65	0.71	0.19	0.29	−0.06	0.95
BaP	0.45	0.26	0.60	0.76	0.49	0.41	−0.79	0.40	0.45	0.95	0.11	0.05
DBA	0.22	0.20	0.94	0.68	−0.71	−0.12	−0.81	0.46	0.36	0.90	0.14	0.39
BghiP	−0.03	−0.08	−0.99	0.83	−0.16	0.44	−0.84	0.37	0.34	0.37	0.84	0.21
IncdP	0.99	−0.04	−0.07	0.62	−0.17	0.71	0.58	0.25	0.74	0.99	0.04	0.14
方差贡献率/%	54.10	20.68	13.24	50.97	21.39	15.60	41.77	28.58	21.41	63.53	19.40	11.09

以四个季节表层水体的主成分因子得分为自变量，标准化后的 16 种 PAHs 总量作为因变量进行多元线性回归。结合主成分分析结果运用式（5.9）得出各主成分方差贡献率，香溪河表层水体 4 个季节多元线性回归方程及各主成分的贡献率如表 5.11 所示。

表 5.11 表层水体各季节 PAHs 主成分的多元线性回归方程及贡献率

季节	回归方程	方差贡献率/%		
		PC1	PC2	PC3
夏季	$Z_{PAHs} = 0.685 \times Z_1 + 0.401 \times Z_2 + 0.484 \times Z_3$	44	26	30
秋季	$Z_{PAHs} = -0.451 \times Z_1 + 0.849 \times Z_2 - 0.101 \times Z_3$	32	61	7
冬季	$Z_{PAHs} = 0.392 \times Z_1 - 0.217 \times Z_2 + 0.594 Z_3$	33	18	49
春季	$Z_{PAHs} = 0.764 \times Z_1 - 0.554 \times Z_2 + 0.183 Z_3$	51	37	12

由图 5.10 可知，夏季香溪河表层水体 PAHs 主要来自生物质、煤炭等混合燃烧源（44%）、汽车尾气排放源（30%）以及柴油机排放源（26%），其中混合燃烧源贡献率最高（44%），为夏季表层水体 PAHs 主要来源，汽车尾气排放源以及柴油机排放源也占一定的比例，与混合燃烧源的比例相差不大，也是夏季水体 PAHs 的重要来源。秋季表层水体 PAHs 主要来自混合燃烧源（32%）、原油泄漏（61%）和交通排放源（7%），其中原油泄漏贡献率最大，为秋季水体 PAHs 主要来源。冬季表层水体 PAHs 主要来自煤炭、生物质等混合燃烧源（33%）、交通排放源（18%）和原油泄漏及不完全燃烧（49%），其中原油泄漏及不完全燃烧贡献率最大，为冬季水体 PAHs 主要来源。春季表层水体 PAHs 主要

来自混合燃烧源（51%）、汽车尾气排放源（37%）以及柴油机排放源（12%），其中生物质、煤炭以及化石的混合燃烧源贡献率最大，为春季表层水体 PAHs 主要来源。各季节表层水体 PAHs 主成分分析结论与 PAHs 异构体比值法结论一致。

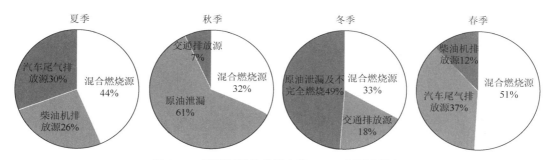

图 5.10　香溪河四季表层水体 PAHs 来源贡献率

香溪河表层水体 PAHs 在秋季和冬季都以石油源为主，在其他两个季节都以生物质、煤炭和化石燃料的混合燃烧源为主。因此在对香溪河水体 PAHs 来源进行控制时，应主要对各种燃烧源，包括煤炭、生物质以及化石燃烧的燃烧进行重点控制，对秋季和冬季水体石油源要进行持续监测，鉴别秋季石油源是偶然因素还是存在固定的石油污染源。

2. 香溪河库湾沉积物中多环芳烃的溯源分析

本书运用 SPSS 17.0 软件，通过主成分分析（PCA）方法对四个季节香溪河沉积物中 16 种 PAHs 进行溯源分析。

夏季香溪河流域沉积物样品共提取了 3 个主成分因子，能解释 82.81%的原始数据信息，三个因子的旋转成分矩阵如表 5.12 所示。夏季沉积物样品 PC1（占总方差的 57.58%）以 Nap、Ant、Chry、BbF、BkF、IncdP 为主，这些成分是典型的石油产品、煤炭等燃烧或热解而生成的产物，其中 Nap 代表石油源[44]，Ant、Chry 指示煤炭和生物质燃烧[36, 45]，因此，PC1 代表柴油、煤炭、生物质等不完全燃烧的混合燃烧源。PC2（占总方差的 15.78%）以低分子量的 Acy、Fluo、Flua、BaA 和高分子量的 BaP 为主，Fluo 是原油释放的标志[42]，BaP 主要指示柴油燃烧[34, 46]，因此 PC2 主要是原油释放源。PC3（占总方差的 9.45%）以高分子量的 BghiP 为主，BghiP 主要指示交通排放源[38, 39]，因此，PC3 主要是交通排放源。

秋季香溪河流域沉积物样品共提取了 4 个主成分因子，能解释 83.50%的原始数据信息，四个因子的旋转成分矩阵如表 5.12 所示。PC1（占总方差的 51.91%）以 Acy、Ant、Pyr、BaA 和 DBA 为主，Acy、Pyr、BaA 和 Ant 指示煤炭燃烧[34]，因此，PC1 代表煤炭燃烧源。PC2（占总方差的 16.43%）以 Nap、Phe、BkF、BghiP 为主，Nap 指示石油污染[45]，BkF 指示柴油机排放源[43]，BghiP、Phe 指示机动车尾气排放源[38, 39]，因此 PC2 主要是交通排放源。PC3（占总方差的 8.71%）以 Flua 为主，Flua 是生物质燃烧的主要产物[47]，因此 PC3 可以作为生物质燃烧源。PC4（占总方差的 6.45%）以 Fluo 为主，Fluo 是原油释放的标志[42]，因此 PC4 主要是原油释放源。

冬季香溪河流域沉积物样品共提取了 3 个主成分因子，能解释 88.33%的原始数据信息，三个因子的旋转主成分矩阵如表 5.12 所示。PC1（占总方差的 63.84%）以 Acy、Ace、Ant、Flua、Chry、BbF 和 BaP 为主，以上几种 PAHs 是典型的石油产品、煤炭等燃烧或热解而生成的产物，其中 Ace 是焦炭燃烧的首要产物[48]，Acy、Ant、Flua、Chry、BbF 和 BaP 是煤和生物质燃烧的指示指标[41]，因此，PC1 代表以焦炭、煤炭和生物质燃烧为主的混合燃烧源。PC2（占总方差的 17.19%）以 Nap、Phe、BaA、BghiP 和 IncdP 为主，Nap 代表石油源[40]，BaP 是柴油燃烧的主要产物[49]，BghiP、Phe 和 IncdP 是机动车排放的典型标志[46]，因此 PC2 主要是以原油、交通排放为主的柴油机燃烧交通排放源。PC3（占总方差的 7.3%）以 Fluo 为主，Fluo 可由石油释放而来[42]，因此 PC3 主要是原油释放源。

春季香溪河流域沉积物样品共提取了 3 个主成分因子，能解释 93.52% 的原始数据信息，三个因子的旋转成分矩阵如表 5.12 所示。PC1（占总方差的 60.08%）以 Acy、Ant、Pyr、BaA、BkF、DBA 和 IncdP 为主，Acy、Ant、Pyr、BaA、IncdP 代表焦炭、煤燃烧的典型产物[36, 45]，BkF 是柴油机排放的典型产物[43]，因此，PC1 代表以化石、煤炭为主的混合燃烧源。PC2（占总方差的 21.35%）以 Ace、Phe、Chry、BbF 和 BghiP 为主，Chry 和 BghiP 是交通排放源的主要指示物[36]，因此以 PC2 为交通排放源。PC3（占总方差的 12.09%）以 Fluo 为主，Fluo[42] 代表原油释放，BghiP[50] 是交通排放源；因此 PC3 以原油泄漏和不完全燃烧为主。

表 5.12　香溪河流域沉积物 PAHs 旋转成分矩阵图

PAHs 类型	夏季（2017 年 6 月）			秋季（2017 年 9 月）				冬季（2017 年 12 月）			春季（2018 年 3 月）		
	PC1	PC2	PC3	PC1	PC2	PC3	PC4	PC1	PC2	PC3	PC1	PC2	PC3
Nap	0.84	0.34	−0.20	0.22	0.95	0.11	−0.09	0.24	0.91	0.02	0.56	0.45	0.66
Acy	0.22	0.93	0.03	0.96	0.15	0.13	0.02	0.77	0.48	0.08	0.99	0.04	0.08
Ace	−0.05	0.00	−0.03	−0.08	0.01	−0.48	−0.11	0.94	−0.16	−0.11	0.01	0.97	−0.10
Fluo	0.00	0.88	−0.10	0.17	0.12	0.29	0.88	−0.08	−0.02	0.96	0.01	−0.01	0.96
Phe	−0.22	0.45	0.41	0.33	0.74	0.17	0.42	0.2	0.94	0.09	0.23	0.76	0.36
Ant	0.88	0.46	0.06	0.85	0.44	0.25	0.03	0.81	0.46	0.07	0.94	0.24	0.21
Flua	0.36	0.7	0.36	0.24	0.35	0.73	0.39	0.81	0.56	−0.06	0.52	0.47	0.67
Pyr	0.69	0.66	0.10	0.87	0.11	0.26	0.32	0.64	0.73	0.06	0.95	0.09	0.1
Chry	0.87	0.12	0.43	0.16	0.59	−0.10	0.59	0.93	0.02	−0.09	0.03	0.91	0.26
BaA	0.5	0.83	−0.02	0.92	0.18	0.24	0.10	0.33	0.91	−0.08	0.99	0.04	0.06
BbF	0.97	0.08	0.04	0.79	0.09	0.01	0.34	0.93	0.25	0.07	0.64	0.74	0.14
BkF	0.93	−0.07	0.29	0.24	0.88	0.30	0.11	0.57	0.69	0.33	0.97	0.07	0.2
BaP	0.60	0.75	−0.17	0.47	0.09	0.64	−0.33	0.79	0.52	−0.17	0.30	0.58	0.69
DBA	0.76	0.47	0.34	0.92	0.23	0.24	−0.06	0.62	0.52	0.28	0.96	0.19	0.06
BghiP	0.20	−0.07	0.93	0.06	0.96	−0.03	0.16	−0.07	0.84	−0.10	0.04	0.98	0.14
IncdP	0.91	0.36	−0.13	0.41	0.43	0.49	0.00	0.23	0.88	0.05	0.87	0.22	0.10
方差贡献率/%	57.58	15.78	9.45	51.91	16.43	8.71	6.45	63.84	17.19	7.3	60.08	21.35	12.09

以四个季节用 PAHs 主成分因子得分为自变量，标准化后的 16 种 PAHs 总量作为因变量进行多元线性回归。结合主成分分析结果，运用式（5.9）计算各主成分方差贡献率，香溪河沉积物 PAHs 各季节多元线性回归方程及各主成分的贡献率如表 5.13 所示。

表 5.13　沉积物各季节 PAHs 主成分的多元线性回归方程及贡献率

季节	回归方程	方差贡献率/%			
		PC1	PC2	PC3	PC4
夏季	$Z_{PAHs} = 0.961 \times Z_1 + 0.128 \times Z_2 + 0.134 \times Z_3$	79	10	11	—
秋季	$Z_{PAHs} = 0.982 \times Z_1 + 0.132 \times Z_2 + 0.115 Z_3 - 0.041 \times Z_4$	77	10	9	4
冬季	$Z_{PAHs} = 0.993 \times Z_1 - 0.062 \times Z_2 + 0.015 Z_3$	93	6	1	—
春季	$Z_{PAHs} = 0.919 \times Z_1 + 0.348 \times Z_2 - 0.106 Z_3$	67	25	8	—

由图 5.11 可知，夏季香溪河沉积物 PAHs 主要来自混合燃烧源（79%）、交通排放源（11%）以及原油释放源（10%），其中混合燃烧源贡献率最高（79%），为夏季沉积物 PAHs 主要来源。秋季沉积物 PAHs 主要来自煤炭燃烧源（77%）、交通排放源（10%）、生物质燃烧源（9%）和原油释放源（4%），其中煤炭燃烧源贡献率最大，为秋季沉积物 PAHs 主要来源。冬季沉积物 PAHs 主要来自混合燃烧源（93%）、交通排放源（6%）和原油释放源（1%），其中混合燃烧源贡献率最大，为冬季沉积物 PAHs 主要来源。春季沉积物 PAHs 主要来自混合燃烧源（67%）、交通排放源（25%）以及原油释放源（8%），其中混合燃烧源贡献率最大，为春季沉积物 PAHs 主要来源。主成分分析法与 PAHs 异构体比值法分析结果一致。

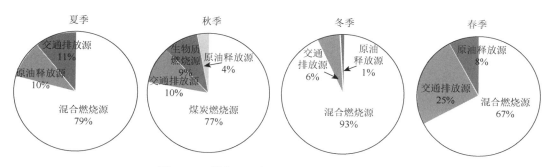

图 5.11　香溪河四季沉积物 PAHs 来源贡献率

香溪河沉积物 PAHs 在四个季节以煤炭、生物质等的混合燃烧源为主。冬季燃烧源贡献率最大，主要是由于冬季天气寒冷，需要燃煤和生物质取暖，因此在对香溪河沉积物 PAHs 来源进行控制时，应重点对各种燃烧源，包括煤炭、生物质以及化石燃烧进行控制，交通排放源和原油释放源也是沉积物 PAHs 的重要来源，也需要引起足够的重视。

3. 香溪河库湾消落带土壤中多环芳烃的溯源分析

本书运用 SPSS 17.0 软件，通过主成分分析（PCA）方法，对四个季节香溪河消落带土壤 16 种 PAHs 进行溯源分析。

夏季香溪河库湾消落带土壤 PAHs 共提取了 3 个主成分因子，能解释 92.23% 的方差信息，三个因子的旋转成分矩阵如表 5.14 所示。消落带土壤中 PC1（占总方差的 69.76%）以 Ace、Pyr、BbF、BghiP 和 IncdP 为主，Ace、Pyr 和 BbF 是煤以及化石燃料燃烧的主要产物[48]，IncdP 和 BghiP 是交通排放的典型标志[38, 39]，因此，PC1 代表化石、煤炭为主的混合燃烧源。PC2（占总方差的 14.38%）以 Nap、Fluo 为主，Nap 和 Fluo 可由原油释放而来[40, 42]，因此 PC2 主要是原油释放源。PC3（占总方差的 8.09%）主要包含 BkF，BkF 是柴油机排放的典型污染物[43]，因此 PC3 主要是交通排放源。

表 5.14　香溪河流域消落带土壤 PAHs 旋转成分矩阵图

PAHs 类型	夏季（2017 年 6 月）			秋季（2017 年 9 月）			春季（2018 年 3 月）		
	PC1	PC2	PC3	PC1	PC2	PC3	PC1	PC2	PC3
Nap	0.37	0.92	0.07	0.93	0.17	−0.03	−0.07	0.98	0.06
Acy	−0.08	0.05	−0.71	0.07	0.30	0.95	0.96	−0.11	−0.22
Ace	0.98	0.01	0.03	−0.13	−0.31	0.94	−0.39	−0.30	0.16
Fluo	−0.15	0.99	−0.03	−0.07	0.99	0.07	−0.14	0.10	−0.94
Phe	0.60	0.77	−0.03	0.89	0.43	−0.04	0.96	0.16	−0.19
Ant	0.65	0.75	−0.01	0.64	0.76	−0.06	0.94	0.19	−0.21
Flua	0.68	0.73	0.02	0.97	0.20	0.01	0.54	0.70	0.20
Pyr	0.90	0.41	0.10	0.45	0.89	−0.08	0.93	0.34	0.00
Chry	0.73	0.56	0.34	0.91	0.42	−0.03	0.97	0.19	0.07
BaA	0.79	0.58	0.16	0.94	0.35	−0.04	0.99	0.15	−0.04
BbF	0.87	0.44	0.15	0.96	0.20	−0.03	0.98	0.13	0.03
BkF	0.14	0.08	0.87	0.72	0.68	0.00	0.96	0.04	0.07
BaP	0.72	0.53	0.36	0.98	0.16	−0.07	0.94	0.27	0.20
DBA	0.74	0.49	−0.10	0.44	0.90	0.00	0.98	−0.20	−0.01
BghiP	0.89	−0.08	0.42	0.98	0.04	0.02	−0.28	0.36	0.87
IncdP	0.94	0.24	0.20	0.91	0.40	−0.04	0.98	0.06	−0.02
方差贡献率/%	69.76	14.38	8.09	72.42	14.73	11.21	68.97	14.84	9.06

秋季香溪河流域消落带土壤 PAHs 共提取了 3 个主成分因子，能解释 98.36% 的原始数据信息，三个因子的旋转成分矩阵如表 5.14 所示。消落带土壤 PC1（占总方差的

72.42%）以 Nap、Phe、Flua、Chry、BaA、BbF、BaP、BghiP 和 IncdP 为主，Phe、Flua、Chry、BaA、BbF 和 IncdP 是煤、生物质等燃烧的主要产物[36]，BghiP 是交通排放的典型标志[38]，因此，PC1 代表以生物质、煤炭以及原油不完全燃烧为主的混合燃烧源。PC2（占总方差的 14.73%）以 Fluo、Pyr 和 DBA 为主，Pyr 指示煤炭燃烧，Fluo 可由原油释放而来[42]，DBA 是交通排放的典型标志[38, 39]，因此 PC2 可以作为交通排放源。PC3（占总方差的 11.21%）主要包含 Acy 和 Ace，Ace 是焦炭燃烧的首要产物[48]，因此 PC3 主要是焦炭燃烧源。

　　春季香溪河流域消落带土壤 PAHs 共提取了 3 个主成分因子，能解释 92.87%的原始数据信息，三个因子的旋转成分矩阵如表 5.14 所示。消落带土壤中 PC1（占总方差的 68.97%）以 Acy、Ant、Phe、Pyr、Chry、BaA、BbF、BkF、BaP、IncdB 和 DBA 为主，其中 Acy、Ant、Phe、Pyr、Chry、BaA、BbF 和 BaP 指示煤炭和生物质的燃烧[36]，DBA 和 BkF 指示柴油的燃烧以及柴油机的排放[43]，因此 PC1 可以作为柴油、生物质以及煤炭的混合燃烧源。PC2（占总方差的 14.84%）以 Nap 为主，Nap 为石油释放源[40]，因此 PC2 可以作为石油释放源。PC3（占总方差的 9.06%）以 BghiP 为主，BghiP 为交通排放源[38, 39]，因此 PC3 可以作为交通排放源。

　　冬季消落带处于完全淹没状态，不做分析。

　　以三个季节 PAHs 的主成分因子得分为自变量，标准化后的 16 种 PAHs 总量作为因变量进行多元线性回归。结合主成分分析结果运用式（5.9）计算各主成分贡献率，香溪河消落带三季 PAHs 的多元线性回归方程及各来源的贡献率如表 5.15 所示。

表 5.15　消落带各季节 PAHs 主成分的多元线性回归方程及贡献率

季节	回归方程	方差贡献率/%		
		PC1	PC2	PC3
夏季	$Z_{PAHs} = 0.974 \times Z_1 - 0.067 \times Z_2 - 0.101 \times Z_3$	85	6	9
秋季	$Z_{PAHs} = 0.984 \times Z_1 + 0.151 \times Z_2 + 0.002 \times Z_3$	87	12.8	0.2
春季	$Z_{PAHs} = 0.976 \times Z_1 + 0.164 \times Z_2 + 0.045 \times Z_3$	82	14	4

　　由图 5.12 可知，夏季香溪河消落带土壤 PAHs 主要来自混合燃烧源（85%）、交通排放源（9%）以及原油释放源（6%），其中混合燃烧源贡献率最高，为夏季消落带土壤 PAHs 主要来源。秋季消落带的 PAHs 主要来自混合燃烧源（87%）、交通排放源（12.8%）、焦炭燃烧源（0.2%），其中混合燃烧源贡献率最大，为秋季消落带土壤 PAHs 主要来源。春季消落带 PAHs 主要来自混合燃烧源（82%）、交通排放源（4%）以及原油释放源（14%），其中混合燃烧源贡献率最大，为春季消落带土壤 PAHs 主要来源。主成分分析法与 PAHs 异构体比值法分析结果一致。

　　香溪河流域消落带土壤 PAHs 在三个季节主要以混合燃烧源为主。各个季节燃烧源的比例相差不大，说明库岸带的生物质、煤炭以及化石燃料的不完全燃烧是消落带土壤 PAHs

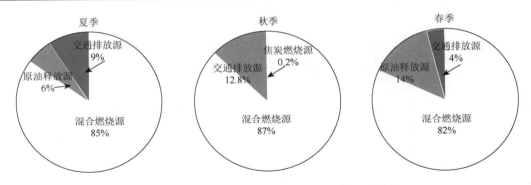

图 5.12　香溪河三季消落带土壤 PAHs 来源贡献率

的主要来源。河流中的原油释放以及交通排放也是消落带土壤 PAHs 的重要来源。因此在对香溪河消落带 PAHs 来源进行控制时，应重点对库岸带各种燃烧源进行控制，同时关注交通排放源和原油释放源的影响。

4. 香溪河库湾消落带上缘土壤中多环芳烃的溯源分析

本书运用 SPSS 17.0 软件，通过主成分分析（PCA）方法，对四个季节香溪河消落带上缘土壤中 16 种 PAHs 进行溯源分析。

夏季香溪河库湾消落带上缘土壤 PAHs 共提取了 3 个主成分因子，能解释 89.80% 的信息，三个因子的旋转成分矩阵如表 5.16 所示。PC1（占总方差的 53.52%）以 Nap、Fluo、Phe、Ant、Flua、Chry、BaA 为主，其中 Flua 是生物质燃烧主要产物[47]，Nap 和 Fluo 指示原油释放[40, 42]，Phe、Ant、Chry、BaA 指示煤炭燃烧[41, 48]，因此，PC1 可以作为混合燃烧源。PC2（占总方差的 23.86%）以 BkF、BghiP 为主，主要代表柴油机排放源[36]，因此，PC2 可以作为交通排放源。PC3（占总方差的 12.42%）主要包含 Ace，是焦炭燃烧的首要产物[48]，因此 PC3 可以作为焦炭燃烧源。

表 5.16　香溪河流域消落带上缘土壤 PAHs 旋转成分矩阵图

PAHs 类型	夏季（2017 年 6 月）			秋季（2017 年 9 月）			冬季（2017 年 12 月）				春季（2018 年 3 月）		
	PC1	PC2	PC3	PC1	PC2	PC3	PC1	PC2	PC3	PC4	PC1	PC2	PC3
Nap	0.96	0.11	0.00	0.01	0.00	0.99	0.87	−0.12	−0.14	0.35	0.34	−0.07	0.94
Acy	−0.26	−0.11	0.70	0.99	−0.04	0.03	0.92	0.32	0.09	−0.06	0.93	−0.35	0.00
Ace	0.04	0.05	0.97	−0.03	−0.10	−0.20	−0.04	−0.32	0.59	−0.51	−0.39	0.91	−0.03
Fluo	0.92	−0.18	−0.29	0.08	−0.26	0.48	−0.28	−0.10	0.88	0.31	−0.12	−0.09	0.93
Phe	0.98	0.01	−0.13	0.33	0.46	0.78	0.28	0.25	0.91	−0.12	0.58	−0.23	0.76
Ant	0.87	−0.14	−0.20	0.96	0.07	0.24	0.91	0.24	0.22	0.14	0.88	−0.29	0.32
Flua	0.95	0.31	−0.06	0.32	0.76	0.51	0.50	0.51	0.14	−0.49	0.56	0.20	0.71
Pyr	0.71	0.62	−0.08	0.97	0.19	−0.02	0.96	0.17	−0.15	−0.10	0.82	−0.01	0.39
Chry	0.81	0.51	0.00	0.35	0.79	0.33	0.51	0.65	0.12	0.45	0.82	0.38	0.34
BaA	0.93	0.30	−0.07	0.86	0.48	0.53	0.53	0.47	−0.13	0.44	0.93	0.15	0.28

PAHs 类型	夏季（2017 年 6 月）			秋季（2017 年 9 月）			冬季（2017 年 12 月）				春季（2018 年 3 月）		
	PC1	PC2	PC3	PC1	PC2	PC3	PC1	PC2	PC3	PC4	PC1	PC2	PC3
BbF	0.71	0.61	−0.02	0.48	0.54	−0.03	0.28	0.86	0.26	0.09	0.29	0.95	−0.07
BkF	0.31	0.94	0.02	0.69	0.87	0.05	0.06	0.15	0.11	0.91	−0.03	0.80	0.57
BaP	0.52	0.61	−0.01	0.93	0.21	0.19	0.20	0.74	−0.09	0.47	0.61	0.77	0.11
DBA	0.63	−0.53	0.15	0.99	0.05	0.04	0.69	0.67	0.03	−0.10	0.99	−0.03	−0.02
BghiP	−0.23	0.89	0.19	−0.16	0.87	−0.03	−0.46	0.82	−0.20	−0.01	−0.32	0.92	−0.09
IncdP	−0.12	0.63	0.75	0.82	0.55	0.16	0.37	0.85	−0.06	0.10	0.24	0.31	0.80
方差贡献率/%	53.52	23.86	12.42	57.10	18.05	13.12	46.35	16.81	13.93	11.52	49.78	28.01	15.98

秋季香溪河流域消落带上缘土壤 PAHs 共提取了 3 个主成分因子，能解释 88.27%的信息，三个因子的旋转成分矩阵如表 5.16 所示。PC1（占总方差的 57.10%）以 Acy、Ant、Pyr、BaA、BaP、DBA 和 IncdP 为主，Acy、Pyr、BaA 和 BaP 被认为是生物质和煤燃烧的典型污染物[36,41,48]，因此 PC1 代表以煤炭、焦炭和生物质为主的混合燃烧源。PC2（占总方差的 18.05%）以 BkF 和 Bghip 为主，主要代表柴油机排放源[43]，因此，PC2 可以作为交通排放源。PC3（占总方差的 13.12%）主要包含 Nap，代表原油释放[48]，因此 PC3 可以作为原油释放源。

冬季香溪河流域消落带上缘土壤 PAHs 共提取了 4 个主成分因子，能解释 88.61%的信息，四个因子的旋转成分矩阵如表 5.16 所示。PC1（占总方差的 46.35%）以 Acy、Ant、Pyr 为主，是煤炭和生物质燃烧的指示指标[41,48]，因此，PC1 代表以煤炭和生物质燃烧为主的混合燃烧源。PC2（占总方差的 16.81%）以 BbF、BghiP、IncdP 为主，IncdP、BghiP 是交通排放的典型标志[38,39]，因此，PC2 可以作为以汽车尾气排放为主的交通排放源。PC3（占总方差的 13.93%）包含 Fluo、Phe，Fluo 代表原油释放[42]，因此，PC3 主要是原油释放源。PC4（占总方差的 11.52%）主要包含 BkF，是柴油机排放的典型污染物[43]，因此 PC4 主要是柴油机排放源。

春季，香溪河流域消落带上缘土壤 PAHs 共提取了 3 个主成分因子，能解释 93.77%的信息，三个因子的旋转成分矩阵如表 5.16 所示。PC1（占总方差的 49.78%）以 Acy、Ant、Pyr、Chry、BaA、DBA 为主，Acy、Ant、Pyr 和 Chry 是煤和生物质燃烧的指示指标[36]，因此，PC1 代表以煤炭和生物质燃烧为主的混合燃烧源。PC2（占总方差的 28.01%）以 Ace、BkF、BghiP 为主，BghiP 是交通排放的典型标志[38,39]，BkF 是柴油机排放的典型污染物[43]，因此，PC2 可以作为交通排放源。PC3（占总方差的 15.98%）主要包含 Fluo、Nap，两者都代表原油释放[48]，因此，PC3 可以作为原油释放源。

以四个季节消落带上缘土壤 PAHs 的主成分因子得分为自变量，标准化后的 16 种 PAHs 总量作为因变量进行多元线性回归。结合主成分分析结果，运用式（5.9）计算各主成分贡献率，香溪河消落带上缘土壤各季节多元线性回归方程及各主成分的贡献率如表 5.17 所示。

表 5.17　消落带上缘土壤各季节 PAHs 主成分的多元线性回归方程及贡献率

季节	回归方程	方差贡献率/%			
		PC1	PC2	PC3	PC4
夏季	$Z_{PAHs} = 0.974 \times Z_1 - 0.019 \times Z_2 + 0.157 \times Z_3$	85	2	13	—
秋季	$Z_{PAHs} = 0.906 \times Z_1 + 0.196 \times Z_2 + 0.377 \times Z_3$	61	13	26	—
冬季	$Z_{PAHs} = 0.965 \times Z_1 + 0.165 \times Z_2 + 0.165 \times Z_3 + 0.124 Z_4$	68	12	12	8
春季	$Z_{PAHs} = 0.884 \times Z_1 + 0.258 \times Z_2 + 0.386 \times Z_3$	58	17	25	—

由图 5.13 可知，夏季香溪河消落带上缘土壤 PAHs 主要来自混合燃烧源（85%）、交通排放源（2%）以及焦炭燃烧源（13%），其中混合燃烧源贡献率最高，为夏季消落带上缘土壤 PAHs 主要来源。秋季消落带上缘土壤 PAHs 主要来自混合燃烧源（61%）、交通排放源（13%）和原油释放源（26%），其中混合燃烧源贡献率最大，为秋季消落带上缘土壤 PAHs 主要来源。冬季消落带上缘土壤 PAHs 主要来自混合燃烧源（68%）、汽油机排放源（12%）、柴油机排放源（8%）和原油释放源（12%），其中混合燃烧源贡献率最大，为冬季消落带上缘土壤 PAHs 主要来源。春季消落带上缘土壤 PAHs 主要来自混合燃烧源（58%）、交通排放源（17%）以及原油释放源（25%），其中混合燃烧源贡献率最大，为春季消落带上缘土壤 PAHs 的主要来源。主成分分析法与 PAHs 异构体比值法分析结果一致。

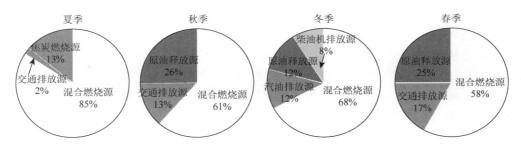

图 5.13　香溪河四季消落带上缘土壤 PAHs 来源贡献率

香溪河消落带上缘土壤 PAHs 在四个季节均以混合燃烧源为主，夏季混合燃烧源的比例相对较大，原油释放源和交通排放源也是消落带上缘土壤 PAHs 污染的重要来源。因此，在对香溪河消落带上缘 PAHs 来源进行控制时，应重点对库岸带各种燃烧源进行控制，同时对上缘的交通排放源和原油释放源进行监测分析。

5.4.2　香溪河库湾多环芳烃的风险评价

采用安全阈值模型对香溪河库湾 PAHs 进行生态风险评价，分别从 PAHs 单体及总量两个方面进行具体风险等级评估，再利用终身致癌风险评价模型进行健康风险评价。

风险评价的结果对于科学评估香溪河 PAHs 污染状况以及后期治理措施的提出提供理论参考。

1. 安全阈值生态风险评价

采用安全阈值模型对香溪河各环境区域 PAHs 进行生态风险评价。运用式（5.10）～式（5.15）参考表 5.18 所列标准值计算各个区域各 PAHs 单体和总量的风险熵值，再与表 5.19 中各个 PAHs 单体及总量的风险熵值评价等级标准进行比较，判断各个区域 PAHs 的生态风险等级。

PAHs 单体及总量的风险熵值计算公式如下：

$$RQ = C_{PAHs} / C_{QV} \tag{5.10}$$

$$RQ_{i(NCs)} = C_{PAHs} / C_{QV(NCs)} \tag{5.11}$$

$$RQ_{i(MPCs)} = C_{PAHs} / C_{QV(MPCs)} \tag{5.12}$$

$$RQ_{\sum PAHs} = \sum_{i=1}^{16} RQ_i \quad (RQ_i \geqslant 1) \tag{5.13}$$

$$RQ_{\sum PAHs(NCs)} = \sum_{i=1}^{16} RQ_{i(NCs)} \quad (RQ_{i(NCs)} \geqslant 1) \tag{5.14}$$

$$RQ_{\sum PAHs(MPCs)} = \sum_{i=1}^{16} RQ_{i(MPCs)} \quad (RQ_{i(MPCs)} \geqslant 1) \tag{5.15}$$

式中，RQ 为 PAHs 单体风险熵值；$RQ_{\sum PAHs}$ 为 16 种优先控制 PAHs 总量风险熵值；C_{PAHs} 为土壤 PAHs 实测值；C_{QV} 为土壤 PAHs 风险标准值；$RQ_{i(NCs)}$ 为最低风险浓度熵值；$RQ_{i(MPCs)}$ 为最高风险浓度熵值；$C_{QV(NCs)}$ 为最低风险标准值；$C_{QV(MPCs)}$ 为最高风险标准值；$RQ_{\sum PAHs(NCs)}$ 为 16 种优先控制 PAHs 总量最低风险熵值；$RQ_{\sum PAHs(MPCs)}$ 为 16 种优先控制的 PAHs 总量最高风险熵值。

表 5.18　16 种 PAHs 最高、最低风险标准值

PAHs 类型	TEFs	沉积物中 16 种 PAHs 风险值/ (ng·g⁻¹)		水体中 16 种 PAHs 风险值/ (ng·L⁻¹)		土壤中 16 种 PAHs 风险值/ (ng·g⁻¹)	
		NCs	MPCs	NCs	MPCs	NCs	MPCs
Nap	0.001	1.4	140	12	1200	1.4	140
Acy	0.001	1.2	120	0.7	70	1.2	120
Ace	0.001	1.2	120	0.7	70	1.2	120
Fluo	0.001	1.2	120	0.7	70	1.2	120
Ant	0.001	1.2	120	0.7	70	1.2	120
Phe	0.001	5.1	510	3	300	5.1	510
Flua	0.01	26	2600	3	300	26	2600
Pyr	0.001	1.2	120	0.7	70	1.2	120
Chry	0.01	107	10700	3.4	340	107	10700
BaA	0.1	3.6	360	0.1	10	2.5	250

PAHs 类型	TEFs	沉积物中 16 种 PAHs 风险值/（ng·g⁻¹）		水体中 16 种 PAHs 风险值/（ng·L⁻¹）		土壤中 16 种 PAHs 风险值/（ng·g⁻¹）	
		NCs	MPCs	NCs	MPCs	NCs	MPCs
BbF	0.1	3.6	360	0.1	10	2.5	250
BkF	0.1	24	2400	0.4	40	24	2400
BaP	1	27	2700	0.5	50	2.6	260
DBA	1	27	2700	0.5	50	2.6	260
BghiP	0.01	59	5900	0.3	30	59	5900
IncdP	0.1	75	7500	0.4	40	75	7500

注：TEFs 表示 PAHs 单体导致毒性值；NCs 表示最低风险熵值；MPCs 表示最高风险熵值。

表 5.19　PAHs 单体和总量的生态风险等级

	风险等级	$RQ_{(NCs)} / RQ_{\sum PAHs(NCs)}$	$RQ_{(MPCs)} / RQ_{\sum PAHs(MPCs)}$
单体 PAHs	A（低等）	$RQ_{i(NCs)} < 1$	$RQ_{i(MPCs)} < 1$
	B（中等）	$RQ_{i(NCs)} \geq 1$	$RQ_{i(MPCs)} < 1$
	C（高等）	$RQ_{i(NCs)} \geq 1$	$RQ_{i(MPCs)} \geq 1$
PAHs 总量	I（健康）	$RQ_{\sum PAHs(NCs)} < 1$	$RQ_{\sum PAHs(MPCs)} < 1$
	II（低等）	$1 < RQ_{\sum PAHs(NCs)} < 800$	$RQ_{\sum PAHs(MPCs)} < 1$
	III（一般）	$RQ_{\sum PAHs(NCs)} > 800$	$RQ_{\sum PAHs(MPCs)} < 1$
	IV（高等）	$RQ_{\sum PAHs(NCs)} < 800$	$RQ_{\sum PAHs(MPCs)} \geq 1$
	V（极高）	$RQ_{\sum PAHs(NCs)} \geq 800$	$RQ_{\sum PAHs(MPCs)} \geq 1$

各个区域 PAHs 的风险熵值如表 5.20 和表 5.21 所示。香溪河流域表层水体中 16 种 PAHs 单体中只有 Chry 处于低等风险，四个季节 PAHs 单体大部分处于中等风险水平。PAHs 总量风险熵值显示，四个季节 PAHs 总量都处于IV级高等风险等级，具体表现为冬季＞夏季＞秋季＞春季。冬季表层水体的风险熵值最高，单体 Acy、Ace、Fluo、Phe、Pyr、BaA、BbF 处于高等风险水平。

表 5.20　香溪河流域水体与沉积物 PAHs 四季风险熵值

PAHs 类型	沉积物 RQ 值								水体 RQ 值							
	夏季（2017 年 6 月）		秋季（2017 年 9 月）		冬季（2017 年 12 月）		春季（2018 年 3 月）		夏季（2017 年 6 月）		秋季（2017 年 9 月）		冬季（2017 年 12 月）		春季（2018 年 3 月）	
	NCs	MPCs	NCs	MPCs	NCs	MPCs	NCs	MPCs	NCs	MPCs	NCs	MPCs	NCs	MPCs	NCs	MPCs
Nap	20.67	0.21	11.26	0.11	15.73	0.16	9.1	0.09	1.17	0.01	1.54	0.02	1.74	0.02	1.79	0.02
Acy	8.61	0.09	2.37	0.02	3.63	0.04	2.53	0.03	17.73	0.18	20.99	0.21	25.89	0.26	31.50	0.31
Ace	0	0	0	0	0	0	1.94	0.02	37.84	0.38	27.44	0.27	46.17	0.46	34.47	0.34
Fluo	10.38	0.1	8.2	0.08	5.07	0.05	8.07	0.08	34.36	0.34	25.88	0.26	46.45	0.46	24.52	0.25

续表

PAHs 类型	沉积物 RQ 值								水体 RQ 值							
	夏季 (2017 年 6 月)		秋季 (2017 年 9 月)		冬季 (2017 年 12 月)		春季 (2018 年 3 月)		夏季 (2017 年 6 月)		秋季 (2017 年 9 月)		冬季 (2017 年 12 月)		春季 (2018 年 3 月)	
	NCs	MPCs	NCs	MPCs	NCs	MPCs	NCs	MPCs	NCs	MPCs	NCs	MPCs	NCs	MPCs	NCs	MPCs
Ant	59.7	0.6	9.1	0.09	17.92	0.18	5.96	0.06	22.11	0.22	25.86	0.26	28.72	0.29	36.80	0.37
Phe	2.53	0.03	2.1	0.02	3.23	0.03	2.28	0.02	7.04	0.07	6.51	0.07	7.81	0.08	6.00	0.06
Flua	1.87	0.02	0.72	0.01	1.47	0.01	0.8	0.01	8.99	0.09	6.97	0.07	10.09	0.10	5.59	0.06
Pyr	38.82	0.39	28.62	0.29	47.37	0.47	28.31	0.28	55.76	0.56	49.31	0.49	60.53	0.61	40.39	0.40
Chry	0.23	0	0.05	0	0.17	0	0.35	0	0.33	0.00	0.38	0.00	0.46	0.00	0.20	0.00
BaA	2.98	0.03	1.87	0.02	5.11	0.05	1.85	0.02	80.41	0.80	73.59	0.74	82.84	0.83	55.80	0.56
BbF	3.05	0.03	2.33	0.02	5.43	0.05	2.37	0.02	49.76	0.50	45.42	0.45	49.33	0.49	27.10	0.27
BkF	0.33	0	0.29	0	0.62	0.01	0.29	0	13.01	0.13	13.97	0.14	14.59	0.15	7.28	0.07
BaP	0.33	0	0.3	0	0.71	0	0.25	0	6.40	0.06	5.52	0.06	6.67	0.07	4.37	0.04
DBA	0.19	0	0.08	0	0.17	0	0.09	0	9.43	0.09	9.90	0.10	10.13	0.10	6.92	0.07
BghiP	0.03	0	0.06	0	0.09	0	0.06	0	9.88	0.10	8.26	0.08	10.91	0.11	7.19	0.07
IncdP	0.26	0	0.09	0	0.18	0	0.08	0	17.42	0.17	16.25	0.16	17.46	0.17	11.60	0.12
ΣRQ	149.99	1.50	67.44	0.66	106.90	1.06	64.33	0.63	371.64	3.70	337.79	3.38	419.79	4.20	301.52	3.01

表 5.21　香溪河流域消落带及其上缘土壤 PAHs 四季风险熵值

PAHs 类型	消落带土壤 RQ 值						消落带上缘土壤 RQ 值							
	夏季 (2017 年 6 月)		秋季 (2017 年 9 月)		春季 (2018 年 3 月)		夏季 (2017 年 6 月)		秋季 (2017 年 9 月)		冬季 (2017 年 12 月)		春季 (2018 年 3 月)	
	NCs	MPCs	NCs	MPCs	NCs	MPCs	NCs	MPCs	NCs	MPCs	NCs	MPCs	NCs	MPCs
Nap	60.36	0.60	18.26	0.18	63.21	0.63	119.87	1.20	38.10	0.38	149.99	1.50	121.93	1.22
Acy	10.51	0.11	5.38	0.05	4.96	0.05	10.28	0.10	11.12	0.11	14.49	0.14	8.42	0.08
Ace	25.76	0.26	0.00	0.00	17.98	0.18	23.62	0.24	22.02	0.22	0.00	0.00	28.89	0.29
Fluo	25.44	0.25	20.75	0.21	24.55	0.25	74.77	0.75	26.79	0.27	45.26	0.45	53.08	0.53
Ant	75.10	0.75	37.51	0.38	78.20	0.78	133.29	1.33	53.15	0.53	137.11	1.37	144.86	1.45
Phe	4.64	0.05	3.59	0.04	9.59	0.06	10.01	0.10	8.77	0.09	18.24	0.18	12.55	0.13
Flua	1.93	0.02	1.59	0.02	14.11	0.02	3.65	0.04	2.27	0.02	5.62	0.06	5.12	0.05
Pyr	43.24	0.43	47.10	0.47	37.27	0.37	83.42	0.83	98.20	0.98	104.45	1.04	108.37	1.08
Chry	0.17	0.00	0.13	0.00	0.23	0.00	0.28	0.00	0.12	0.00	0.46	0.00	0.39	0.00
BaA	6.35	0.06	5.34	0.05	9.53	0.10	11.18	0.11	8.33	0.08	21.48	0.21	15.35	0.15
BbF	6.54	0.07	4.07	0.04	6.00	0.06	11.21	0.11	4.89	0.05	13.07	0.13	9.89	0.10
BkF	0.72	0.01	0.52	0.01	0.93	0.01	0.97	0.01	0.73	0.01	1.34	0.01	1.17	0.01
BaP	0.60	0.01	0.46	0.00	0.87	0.01	1.05	0.01	0.69	0.01	1.54	0.02	1.15	0.01
DBA	0.29	0.00	0.12	0.00	0.19	0.00	0.34	0.00	0.35	0.00	0.53	0.01	0.28	0.00
BghiP	0.10	0.00	0.12	0.00	0.11	0.00	0.11	0.00	0.01	0.00	0.35	0.00	0.10	0.00
IncdP	0.17	0.00	0.19	0.00	0.23	0.00	0.22	0.00	0.27	0.00	0.59	0.01	0.32	0.00
ΣRQ	261.92	2.62	145.13	1.45	267.96	2.52	484.27	4.83	275.81	2.75	514.52	5.13	511.87	5.10

沉积物中的 16 种 PAHs 单体除 Ace、Chry、BkF、BaP、DBA、BghiP 和 IncdP 处于

低等风险水平外，其余都属于中等以上风险。PAHs 总量风险熵值显示，夏季和冬季沉积物中 PAHs 总量风险值处于Ⅳ级高等风险等级，秋季和春季沉积物中 PAHs 处于Ⅱ级低等风险等级，PAHs 总量的风险熵值表现为夏季＞冬季＞秋季＞春季。沉积物中 PAHs 夏季风险熵值最高，其中 Nap、Acy、Fluo、Ant、Phe、Flua、Pyr、BaA 和 BbF 单体处于中等风险水平。

香溪河消落带土壤中的 PAHs 单体除了 Chry、BkF、BaP、DBA、BghiP 和 IncdP 处于低等风险水平之外，其他 PAHs 单体都处于中等及以上的风险水平。土壤 PAHs 总量风险熵值显示，消落带四季都处于Ⅳ级高等风险水平。四个季节消落带土壤 PAHs 总量的风险熵值表现为春季＞夏季＞秋季，春季消落带土壤风险值最高，春季 Nap、Ant 和 Pyr 为高风险 PAHs 单体，需引起重视。

消落带上缘土壤 PAHs 单体除了 Chry、BkF、DBA、BghiP 和 IncdP 属于低等风险水平，其余都属于中等及以上风险水平。PAHs 总量风险熵值显示，消落带上缘土壤 PAHs 属于Ⅳ级高等风险水平，四个季节 PAHs 总量的风险熵值表现为冬季＞春季＞夏季＞秋季。冬季消落带上缘风险值最大，单体 Nap、Ant 和 Pyr 的风险为高等风险水平。

流域消落带四个区域 PAHs 总量风险值表现为：消落带上缘＞水体＞消落带＞沉积物。流域消落带 PAHs 整体处于较高的风险等级，消落带上缘和水体 PAHs 的生态风险值相对较高，因此对这两个区域 PAHs 的污染应引起足够的重视，应进行持续的监测并对污染源进行积极排查和控制。

2. 香溪河流域多环芳烃健康风险评价

PAHs 是一类具有致畸、致癌、致突变特性的持久性有机污染物，广泛存在于环境中，并通过直接或间接的方式进入人体，累积到一定程度便会对人体健康造成极大危害。通过人体健康风险评价可以定量地描述环境中污染物对公众健康的影响程度[51]，为环境中污染物的控制与治理策略提供有效、科学的信息。本书利用美国国家环境保护局推荐的终身致癌风险模型对香溪河流域 PAHs 进行健康风险评价。

本书以香溪河流域水体、沉积物、消落带及其上缘土壤为研究对象，利用终身致癌风险（incremental lifetime cancer risk，ILCR）模型评估香溪河流域 PAHs 的健康风险。终身致癌风险（ILCR）模型是针对各年龄段人群（成人和儿童）通过土壤误食、接触和呼吸等途径置于污染环境中的健康风险评价。本书通过该模型评估香溪河流域的 PAHs 的健康风险。三种暴露途径的终身致癌风险可根据式（5.16）～式（5.18）计算，当 ILCR＜10^{-6} 时，认为健康无风险；当 ILCR 介于 10^{-6}～10^{-4}，认为存在潜在风险；当 ILCR＞10^{-4} 时，说明存在高风险，需重视，涉及参数见表 5.22。

$$ILCRs_{吞食} = \frac{CS \cdot (CSF_{Ingestion} \cdot \sqrt[3]{BW/70}) \cdot IR_{Ingestion} \cdot EF \cdot ED}{BW \cdot AT \cdot 10^6} \tag{5.16}$$

$$ILCRs_{呼吸} = \frac{CS \cdot (CSF_{Inbalation} \cdot \sqrt[3]{BW/70}) \cdot IR_{Inbalation} \cdot EF \cdot ED}{BW \cdot AT \cdot 10^6} \tag{5.17}$$

$$ILCRs_{皮肤接触} = \frac{CS \cdot (CSF_{Dermat} \cdot \sqrt[3]{BW/70}) \cdot SA \cdot AF \cdot ABS \cdot EF \cdot ED}{BW \cdot AT \cdot 10^6} \tag{5.18}$$

表 5.22　ILCR 模型的暴露评价参数

暴露参数	参数名称	儿童	成人	单位
CS	PAHs 单体毒性当量	实测浓度	实测浓度	$mg \cdot kg^{-1}$
$CSF_{Ingestion}$	土壤误食	7.3	7.3	$mg \cdot kg^{-1} \cdot d^{-1}$
$CSF_{Inbalation}$	呼吸	3.85	3.85	$mg \cdot kg^{-1} \cdot d^{-1}$
CSF_{Dermal}	皮肤接触	25	25	$mg \cdot kg^{-1} \cdot d^{-1}$
BW	平均体重	15	61.5	kg
$IR_{Ingestion}$	土壤摄取速率	200	100	$mg \cdot d^{-1}$
$IR_{Inbalation}$	呼吸速率	10	20	$m^3 \cdot d^{-1}$
EF	暴露频率	180	180	$d \cdot a^{-1}$
ED	暴露年数	6	25	a
AT	人均寿命	70·365	70·365	d
SA	接触皮肤面积	2800	5700	$cm^2 \cdot d^{-1}$
AF	土壤附着因子	0.2	0.07	$mg \cdot cm^{-2}$
ABS	皮肤吸收系数	0.13	0.13	量纲一

香溪河流域四季 PAHs 在各环境介质的 ILCR 值如表 5.23 所示，PAHs 在沉积物、水体、消落带及其上缘土壤以吞食和皮肤接触的方式对人体造成的风险值介于 $10^{-6} \sim 10^{-4}$，对人体具有潜在致癌风险。各区域致癌风险值的顺序表现为：沉积物＞水体＞消落带上缘＞消落带。通过皮肤接触途径对人体产生的健康风险大于吞食途径的风险值，且成人通过皮肤接触的风险大于儿童，而儿童因吞食产生的风险大于成人。水体和沉积物中 PAHs 在各季节的风险值变化趋势都表现为：冬季＞夏季＞秋季＞春季；消落带及其上缘土壤中 PAHs 则表现为冬季＞春季＞夏季＞秋季。

表 5.23　香溪河流域 PAHs 的 ILCR 值

区域	季节	儿童/($\times 10^{-6}$)		成人/($\times 10^{-6}$)	
		吞食	皮肤接触	吞食	皮肤接触
水体	夏季	9.74	12.14	7.92	14.07
	秋季	9.38	11.70	7.63	13.56
	冬季	10.32	12.86	8.39	14.91
	春季	6.78	8.45	5.51	9.79
沉积物	夏季	17.85	22.25	14.52	25.79
	秋季	11.96	14.91	9.73	17.28
	冬季	27.99	34.9	22.77	40.45
	春季	11.21	13.97	9.11	16.19

续表

区域	季节	儿童/(×10⁻⁶)		成人/(×10⁻⁶)	
		吞食	皮肤接触	吞食	皮肤接触
消落带上缘	夏季	8.05	10.03	6.54	11.63
	秋季	4.81	5.99	3.91	6.95
	冬季	10.9	13.58	8.86	15.74
	春季	9.03	11.25	7.34	13.04
消落带	夏季	4.47	5.57	3.64	6.46
	秋季	2.82	3.51	2.29	4.07
	春季	4.84	6.03	3.94	6.99

5.5　本章小结

本章主要研究了香溪河流域 PAHs 环境污染特性，对流域主要污染物 PAHs 在水体、沉积物、消落带及其上缘土壤中的分布特征进行研究，运用逸度模型研究了 PAHs 在水-沉积物界面的扩散行为，并探究了消落带不同海拔土壤 PAHs 对水位消涨的响应关系。用比值法和主成分分析、多元线性回归法对流域 PAHs 的来源进行分析，此外采用 BaP 毒性当量法、风险熵值法和终身致癌风险模型对 PAHs 的污染程度、生态风险和健康风险进行评价。基于本章的研究结果，得出以下主要结论。

（1）16 种 PAHs 单体在三个区域以中低环 PAHs 为主，各区域 PAHs 总量的大小顺序整体为：消落带上缘＞消落带＞沉积物。各区域 PAHs 季节变化不同，水平样带三个区域都在靠近峡口镇和长江入江口处较高。PAHs 与土壤 TP、2～50 μm 粒径土壤团聚体以及 Cd 之间存在显著的负相关性（$p<0.05$），与土壤 TOC 之间存在不显著的正相关性，PAHs 各环之间以及与总 PAHs 之间都存在极显著正相关性（$p<0.01$）。

（2）香溪河流域水体中 PAHs 主要以中低环 PAHs 单体为主，整体表现为冬季＞夏季＞秋季＞春季。水平空间上靠近峡口镇的 D1 样带和靠近入江口的 D5 样点 PAHs 总量较高，具有较高的风险。水体 PAHs 与水体 TN、TP、DO 无显著相关性，但是与水体浊度有显著正相关性（$p<0.05$）。香溪河夏季和秋季 PAHs 在水-沉积物界面以向沉积物沉降为主；冬季和春季 PAHs 主要处于动态平衡状态，对有机碳的响应明显。香溪河沉积物监测时间段内 PAHs 无二次释放的风险。

（3）消落带各海拔土壤 PAHs 整体表现为下层土壤 PAHs 大于表层土壤，上层土各海拔 PAHs 含量的大小顺序为 175 m＞165 m＞145 m＞155 m，下层土各海拔 PAHs 含量的大小顺序为 145 m＞155 m＞175 m＞165 m。145～155 m 海拔的土壤 PAHs 主要受水位消涨的影响，而 165～175 m 海拔的土壤 PAHs 主要受库岸 PAHs 外源排放的影响较大。在垂直方向上表现为，145 m 和 175 m 处的 PAHs 含量增量最大，145 m 到 165 m 增量递减，海拔 165～175 m 处的土壤 PAHs 对水位消涨的响应更为强烈。

（4）香溪河表层水体 PAHs 在秋季和冬季以石油源为主，在其他三个季节都以燃烧源为主。沉积物、消落带及其上缘土壤 PAHs 在四个季节主要以燃烧源为主。香溪河流域四个区域 PAHs 单体大部分处于中等风险水平，水体、消落带及其上缘土壤 PAHs 总量评估均为Ⅳ级高等风险等级，沉积物在夏季和冬季处于Ⅳ级低等风险等级，在秋季和春季处于Ⅱ级低等风险等级。香溪河流域四个区域 PAHs 总量风险值顺序为：消落带上缘＞水体＞消落带＞沉积物。香溪河各区域致癌风险值的顺序为：沉积物＞水体＞消落带上缘＞消落带。

参 考 文 献

[1] Zhang G J，Zang X H，Li Z，et al. Polydimethylsiloxane/metal-organic frameworks coated fiber for solid-phase microextraction of polycyclic aromatic hydrocarbons in river and lake water samples[J]. Talanta，2014，129：600-605.

[2] Mai B X，Qi S H，Zeng E Y，et al. Distribution of polycyclic aromatic hydrocarbons in the coastal region off Macao，China：assessment of input sources and transport pathways using compositional analysis[J]. Environmental Science & Technology，2003，37（21）：4855-4863.

[3] Harris K A，Yunker M B，Dangerfield N，et al. Sediment-associated aliphatic and aromatic hydrocarbons in coastal British Columbia，Canada：concentrations，composition，and associated risks to protected sea otters[J]. Environmental Pollution，2011，159（10）：2665-2674.

[4] 覃雪波. 生物扰动对河口沉积物中多环芳烃环境行为的影响[D]. 天津：南开大学，2010.

[5] 郭建阳，廖海清，韩梅，等. 密云水库沉积物中多环芳烃的垂直分布、来源及生态风险评估[J]. 环境科学，2010，31（3）：626-631.

[6] 郭雪，毕春娟，陈振楼，等. 滴水湖及其水体交换区沉积物和土壤中 PAHs 的分布及生态风险评价[J].环境科学，2014，35（7）：2664-2671.

[7] Souza M R R，Santos E，Suzarte J S，et al. Concentration，distribution and source apportionment of polycyclic aromatic hydrocarbons（PAH）in Poxim River sediments，Brazil[J]. Marine Pollution Bulletin，2018，127：478-483.

[8] 王小雨，冯江，王静. 莫格湿地油田开采区土壤石油烃污染及对土壤性质的影响[J]. 环境科学，2009，30（8）：2394-2401.

[9] Zhang H B，Luo Y M，Zhao Q G，et al. Residues of organo chlorine pesticides in Hong Kong soils[J]. Chemosphere，2006，63（4）：633-641.

[10] 程书波，刘敏，欧冬妮，等. 城市灰尘 PAHs 累积与迁移过程的影响因素研究[J]. 环境科学，2008，29（1）：179-182.

[11] Katsoyiannis A. Occurrence of polychlorinated biphenyls（PCBs）in the Soulou stream in the power generation area of Eordea，northwestern Greece[J]. Chemosphere，2006，65（9）：1551-1561.

[12] 申君慧. 黄河中下游不同粒径沉积物中多环芳烃的赋存特征及生态风险[D]. 新乡：河南师范大学，2013.

[13] 孙峰，翁焕新，马学文，等. 污泥中重金属和多环芳烃（PAHs）的存在特性及其相互关系[J]. 环境科学学报，2008，28（12）：2540-2548.

[14] 李海燕，段丹丹，黄文，等. 珠江三角洲表层水中多环芳烃的季节分布、来源和原位分配[J]. 环境科学学报，2014，34（12）：2963-2972.

[15] 任东华，许志波，金如意. 地表水中浊度与其它水质参数的相关性分析[J]. 污染防治技术，2015，28（2）：8-9，14.

[16] 蓝家程，孙玉川，肖时珍. 多环芳烃在岩溶地下河表层沉积物-水相的分配[J]. 环境科学，2015，36（11）：4081-4087.

[17] Song K，Wang F W，Yi Q L，et al. Landslide deformation behavior influenced by water level fluctuations of the Three Gorges Reservoir（China）[J]. Engineering Geology，2018，247：58-68.

[18] 由永飞，杨春华，雷波，等. 水位调节对三峡水库消落带植被群落特征的影响[J]. 应用与环境生物学报，2017，23（6）：1103-1109.

[19] Chuo M Y，Ma J，Liu D F，et al. Effects of the impounding process during the flood season on algal blooms in Xiangxi Bay in the Three Gorges Reservoir，China[J]. Ecological Modelling，2019，392（c）：236-249.

[20] 吉芳英，王图锦，胡学斌，等. 三峡库区消落区水体-沉积物重金属迁移转化特征[J]. 环境科学，2009，30（12）：3481-3487.

[21] Zhang K，Chen X C，Xiong X，et al. The hydro-fluctuation belt of the Three Gorges Reservoir：source or sink of microplastics in the water？[J]. Environmental Pollution，2019，248：279-285.

[22] 苗迎，孔祥胜，邹胜章，等. 南宁市土壤中 PAHs 的环境地球化学特征[J]. 安全与环境工程，2013，20（6）：95-101.

[23] 王雪莉. 兰州地区植物 PAHs 超累积特性和生物炭对土壤 PAHs 污染修复初探及对策[D]. 兰州：兰州大学，2016.

[24] Chung M K，Hu R，Cheung K C，et al. Pollutants in Hong Kong soils：polycyclic aromatic hydrocarbons[J]. Chemosphere，2007，67（3）：464-473.

[25] Hu T P，Zhang J Q，Ye C，et al. Status，source and health risk assessment of polycyclic aromatic hydrocarbons（PAHs）in soil from the water-level-fluctuation zone of the Three Gorges Reservoir，China[J]. Journal of Geochemical Exploration，2017，172：20-28.

[26] Edwards N T. Polycyclic aromatic hydrocarbons（PAH's）in the terrestrial environment-a review[J]. Journal of Environmental Quality，1983，12（4）：427-441.

[27] 周婕成，毕春娟，陈振楼，等. 温州城市河流河岸带土壤中 PAHs 的污染特征与来源[J]. 环境科学，2012，33（12）：4237-4243.

[28] Peng R H，Xiong A S，Xue Y，et al. Microbial biodegradation of polyaromatic hydrocarbons[J]. Fems Microbiology Reviews，2008，32（6）：927-955.

[29] 贾国梅，牛俊涛，席颖. 三峡库区消落带湿地土壤有机碳及其组分特征[J]. 土壤，2015，47（5）：926-931.

[30] 李飞，张文丽，刘菊，等. 三峡水库泄水期消落带土壤微生物活性[J]. 生态学杂志，2013，32（4）：968-974.

[31] 张雪雯. 干湿交替对若尔盖湿地枯落物和土壤有机质分解的影响[D]. 北京：北京林业大学，2014.

[32] 段永红，陶澍，王学军，等. 天津表层土壤中多环芳烃的主要来源[J]. 环境科学，2006，27（3）：524-527.

[33] 许云竹，花修艺，董德明，等. 地表水环境中 PAHs 源解析的方法比较及应用[J]. 吉林大学学报（理学版），2011，49（3）：565-574.

[34] Harrison R M，Smith D J T，Luhana L. Source apportionment of atmospheric polycyclic aromatic hydrocarbons collected from an urban location in Birmingham，U.K.[J]. Environmental Science & Technology，1996，30（3）：825-832.

[35] Venkataraman C，Friedlander S K. Size distributions of polycyclic aromatic hydrocarbons and elemental carbon.2. Ambient measurements and effects of atmospheric processes[J]. Environmental Science & Technology，1994，28（4）：563-572.

[36] Larsen R K，Baker J E. Source apportionment of polycyclic aromatic hydrocarbons in the urban atmosphere：a comparison of three methods[J]. Environmental Science & Technology，2003，37（9）：1873-1881.

[37] Howsam M，Jones K C. Sources of PAHs in the Environment[M]，Berlin Heidelberg：Springer，1998.

[38] Dong T T，Lee B K. Characteristics，toxicity，and source apportionment of polycylic aromatic hydrocarbons（PAHs）in road dust of Ulsan，Korea[J]. Chemosphere，2009，74（9）：1245-1253.

[39] Fraser M P，Cass G R，Simoneit B R T，et al. Air quality model evaluation data for organics.4.C-2-C-36 non-aromatic hydrocarbons[J]. Environmental Science & Technology，1997，31（8）：2356-2367.

[40] Chao S H，Liu J W，Chen Y J，et al. Implications of seasonal control of PM2.5-bound PAHs：an integrated approach for source apportionment，source region identification and health risk assessment[J]. Environmental Pollution，2019，247：685-695.

[41] Yu Y P，Yang Y，Liu M，et al. PAHs in organic film on glass window surfaces from central Shanghai，China：distribution，sources and risk assessment[J]. Environmental Geochemistry and Health，2014，36（4）：665-675.

[42] Ma L L，Chu S G，Wang X T，et al. Polycyclic aromatic hydrocarbons in the surface soils from outskirts of Beijing，China[J]. Chemosphere，2005，58（10）：1355-1363.

[43] Wang Q，Liu M，Yu Y P，et al. Black carbon in soils from different land use areas of Shanghai，China：level，sources and relationship with polycyclic aromatic hydrocarbons[J]. Applied Geochemistry，2014，47：36-43.

[44] Soclo H H，Garrigues P，Ewald M. Origin of polycyclic aromatic hydrocarbons（PAHs）in coastal marine sediments：case studies in Cotonou（Benin）and Aquitaine（France）Areas[J]. Marine Pollution Bulletin，2000，40（5）：387-396.

[45] 王德高，杨萌，贾宏亮，等. 原油及油制品中多环芳烃化学指纹的分布规律研究[J]. 环境污染与防治，2008，30（11）：62-65.

[46] Li C K，Kamens R M. The use of polycyclic aromatic hydrocarbons as source signatures in receptor modeling[J]. Atmospheric Environment Part A-General Topics，1993，27（4）：523-532.　·

[47] Jenkins B M，Jones A D，Turn S Q，et al. Emission factors for polycyclic aromatic hydrocarbons from biomass burning[J]. Environmental Science & Technology，1996，30（8）：2462-2469.

[48] Simcik M F，Eisenreich S J，Lioy P J. Source apportionment and source/sink relationships of PAHs in the coastal atmosphere of Chicago and Lake Michigan[J]. Atmospheric Environment，1999，33（30）：5071-5079.

[49] Lin Y C，Li Y C，Shangdiar S，et al. Assessment of PM2.5 and PAH content in PM2.5 emitted from mobile source gasoline-fueled vehicles in concomitant with the vehicle model and mileages[J]. Chemosphere，2019，226（6）：502-508.

[50] Li J F，Dong H，Zhang D H，et al. Sources and ecological risk assessment of PAHs in surface sediments from Bohai Sea and northern part of the Yellow Sea，China[J]. Marine Pollution Bulletin，2015，96（1-2）：485-490.

[51] 耿福明，吴义锋，曲卓杰. 水源地水污染物健康风险的未确知评价[J]. 水电能源科学，2006，24（5）：5-7.

第 6 章　香溪河库湾内源磷释放控制技术研究、集成示范及评价方法

三峡大坝建成后,大宁河、香溪河等支流流速减缓,河流自净能力降低,水体富营养化程度加剧。在外源磷污染得到控制的情况下,消减库区底泥内源性磷污染已成为防止香溪河流域乃至三峡库区水体富营养化的关键[1]。

针对库湾底泥磷污染的防治方法主要包括原位处理和异位处理两种[2]。其中,异位处理技术利用泵吸、挖掘等方式将河流湖泊底泥移至他处,但由于工程量大、操作复杂,可能造成二次污染等,只适用于一些城市河道工程[3]。而原位处理技术则越来越受到国内外专家学者的重视,原位处理技术主要包括物理、化学、生物三个方面修复技术[4]。原位处理不需要对底泥进行大的扰动,可以有效降低在处理过程中底泥氮、磷营养盐释放到水体中的风险。植物修复技术是以某种植物为载体,超量富集某类化学元素为基础,利用植物及其根系共存的微生物清除环境中污染物的治理技术[5]。植物修复技术相对于以上方法具有众多优点:①尽可能避免了底泥在治理过程中的扰动,降低底泥中营养盐释放入水体的风险;②工程量小、费用低、技术易操作且对营养盐的消减效果好[6]。因此,采用植物修复技术消减污染物已得到广泛的应用。

为了降低三峡库湾磷污染负荷,开展库湾内源磷释放特征和控制技术研究十分必要。另外,针对库区磷富集区域开展生态恢复工程研究,建立高效富磷生态系统,对改善支流及库区水环境、保护水生态具有重要意义。再者,开展库区内源磷富集区域的综合防治工程的示范研究,将水生态保护目标与防洪、灌溉和发电等目标有机结合,充分挖掘工程建设运行的综合效益,对大坝的正常运行及水环境治理与水生态保护具有重要的战略意义。无论是从生态安全,还是从生态环境大保护的目标来看,在内源磷污染方面着力研究、开发和示范能够有效降低内源磷污染,降低三峡水库磷污染负荷的生态恢复技术都是十分必要和紧迫的。根据香溪河库湾富磷特点及磷污染严重的特性,在三峡库区香溪河流域的兴山县峡口镇高岚河库湾陈家湾,应用高效富磷水生生物群落配置,建设内源磷控制技术示范工程,消减底泥污染物(磷素)向水体的释放,降低内源对上覆水体的污染,从而控制香溪河库湾营养盐的目标。

由于香溪河流域磷污染及水华事件的频发,在香溪河流域开展磷污染控制示范工程具有较好的代表性。三峡水库二期蓄水后,香溪河二级支流高岚河在峡口镇吴家湾和陈家湾处形成开阔的库湾,河道蜿蜒,流速平缓。蓄水前,该库湾 TP 浓度为 $0.22\sim0.34\ \mathrm{mg\cdot L^{-1}}$,香溪河干流年平均流量为 $65.15\ \mathrm{m^3\cdot s^{-1}}$,对排入的污染物尚有较强的稀释能力。蓄水后,磷浓度明显升高,加之水流变缓,使香溪河库湾发生水华的可能性增加。监测表明,该区域水体 TP 浓度一般都在 $0.2\ \mathrm{mg\cdot L^{-1}}$ 以上,局部时间甚至超过 $0.4\ \mathrm{mg\cdot L^{-1}}$,

远远超过国际公认富营养化产生所需的阈值。对该处底泥中磷含量的监测表明：受水动力条件的影响，库湾上游及近河口的浓度较低，而中游较高。库湾底泥 TP 浓度均值为 $1.52 \sim 1.78$ mg·g^{-1}，最大值达到 1.95 mg·g^{-1}，这与国内外湖库相比，底泥磷污染已达到较高水平。陈家湾库湾正处于水力条件相对稳定的库湾中部，底泥磷负荷已较高，是典型的内源磷污染区。模拟实验结果显示，陈家湾库湾底泥向上覆水体的磷释放量达 0.17 mg·g^{-1}。相关研究表明，在外源磷输入得到有效控制的情况下，防止香溪河底泥内源性磷污染成为防止富营养化和发生水华的关键，对于磷富集区域，构建高效磷富集水生生态系统被认为是降低水库磷污染的有效方法。

　　针对香溪河库湾富磷特点及磷污染严重的特性，在香溪河选取可行地点，应用高效富磷植物群落配置，建设内源磷控制技术示范工程，达到消减水体磷素，减少底泥污染物中的磷素向水体中释放，降低内源对上覆水体的污染，从而控制香溪河库湾营养盐的目标。这可为三峡水库支流内源磷污染治理提供新途径，为三峡库区水污染的治理提供技术支撑。同时，将水生态保护目标与防洪、灌溉和发电等目标结合，充分挖掘工程的综合效益，对大坝的正常运行及水环境治理与水生态保护具有重要的战略意义。无论是从生态安全还是从水利工程建设与维护来看，降低三峡水库磷污染都是十分必要和紧迫的。

6.1　典型植物对土壤氮、磷的吸收能力比较研究

　　氮、磷是植物生长的必要元素，但如氮、磷等营养盐过量，则会引起河流湖泊中某些植物和藻的过量生长，导致整个生态平衡发生改变[7, 8]。因此，河流湖泊的脱氮除磷工作一直是环境治理的重点。有研究表明，当外来的面源、点源污染得到控制后，河流湖泊的沉积物被当作氮、磷"源"，向水体中释放氮、磷。张锡辉[9]在《水环境修复工程学原理与应用》中表明，云南滇池中氮的 80% 和磷的 90% 都沉积在沉积物中。因此，修复与控制沉积物中的氮、磷营养盐，对治理河流湖泊富营养化、改善河流湖泊的生态环境有着重要的理论与实际意义。

　　目前，虽然已在河流湖泊的氮、磷营养盐污染治理方面取得了一些成果，但由于治理手段复杂、治理费用昂贵以及可能带来二次污染等问题，氮、磷营养盐的防治工作一直进展缓慢。沉积物氮、磷污染修复技术主要有 3 种：①物理修复技术；②化学修复技术；③生物修复技术[10]。生物修复技术由于其操作简单、能耗低、没有二次污染等特点被广泛应用，如人造湿地技术、生态浮（床）岛技术、植物缓冲带技术等。而对生物修复技术效果影响最大的是对植物的筛选，不同植物对氮、磷吸收能力差异性较大[11, 12]。

　　目前，大部分研究多集中于室外的人工湿地系统以及河流湖泊生态浮床系统，而室内控制实验条件下，对具有去除氮、磷营养盐的水生植物筛选研究较少。本节以人工盆栽水生植物为研究对象，在不同浓度氮、磷条件下，测定水生植物的生物量前后变化，探讨水生植物对氮、磷的去除能力，进而为应用氮、磷修复技术提供更多的植物选择及技术支持。

6.1.1　材料与方法

1. 试验设计

2017 年 4 月，在三峡大学植物园中取土，并将样品风干、磨细和剔除杂质，过筛后获取试验土（5 kg），测定土壤 pH，TP（采用碱熔-钼锑抗分光光度法测定）、TN（采用半微量凯氏法测定）、有机质（采用重铬酸钾氧化法-外加热法）以及重金属（采用原子吸收分光光度计法测定）等土壤理化指标（表 6.1）。在三峡大学植物园中选取植株大小相近的 12 种植株幼苗，每种植株设置两盆（2 颗/盆）作为平行试验，另设置一组空白对照试验。试验土壤 TP、TN 含量均设定为 1000 mg·kg^{-1}，即分别在每盆试验土（5 kg）中添加 TP 含量 687 mg·kg^{-1}，添加 TN 含量 746 mg·kg^{-1}，氮、磷可平均分两次添加，避免因氮、磷浓度过高而伤苗。除用上述氮、磷条件外，试验过程需保持土壤水分、空气温度等因素相同，试验 90 d 后测定植株生物量以及试验土氮、磷含量[13]。

表 6.1　土壤的理化性质

土壤质地	pH（土水比为 1∶5）	有机质含量 /(g·kg^{-1})	TN 含量 /(mg·kg^{-1})	TP 含量 /(mg·kg^{-1})	Cd 含量 /(mg·kg^{-1})	Pb 含量 /(mg·kg^{-1})
普通黄土	7.09	2.37	254	313	0.32	50.35

根据植物筛选原则（适生性原则、消减性原则、经济性原则、多样性原则和本土化原则），选择 12 种植物进行对比试验，分别为美人蕉（*Canna indica*）、菖蒲（*Acorus calamus*）、水芹（*Oenanthe javanica*）、花叶芦竹（*Arundo donax 'Versicolor'*）、莲（*Nelumbo nucifera Gaertn*）、香蒲（*Typha orientalis presl*）、中华天胡荽（俗名铜钱草）（*Hydrocotyle hookeri* subsp. *chinensis*）、芦苇（*Phragmites australis*）、喜旱莲子草（*Alternanthera philoxeroides*）、千屈菜（*Lythrum salicaria*）、中华蚊母树（*Distylium chinense*）、桑（俗名桑树）（*Morus alba*）。

2. 指标的测定

1）植株生物量测定

在 2017 年 4 月种植前测定植株起始生物量（湿重），试验进行 90 d 后，第二次测定植株终止生物量（湿重），植物净增生物量（湿重）为两者差值。

2）实验后土壤氮、磷含量测定

每盆取试验土 100 g，去除杂质后，经过烘箱（60℃）烘干，然后研磨过 100 目筛备用，计算得出各植物对于 TN、TP 的消减率。

某植株试验土 TN 含量平均值为 A_1，空白组试验土 TN 含量平均值为 A_2，则 TN 消减率 D_1 为

$$D_1 = (A_2 - A_1)/A_2 \times 100\% \tag{6.1}$$

某植株试验土 TP 含量平均值为 B_1，空白组试验土 TP 含量平均值为 B_2，则 TP 消减率 D_2 为

$$D_2 = (B_2 - B_1)/B_2 \times 100\% \tag{6.2}$$

物种综合消减率 D_3 为

$$D_3 = D_1 \times D_2 \tag{6.3}$$

3. 数据处理

用 Excel 对试验数据进行前期处理；使用 SPSS 20.0 软件最小显著差异（least significance difference，LSD）法进行单因素方差分析，差异显著性（$p < 0.05$）；利用 Origin 8 进行图表的制作。

6.1.2　结果与分析

如表 6.2 所示，经过 90 d 消减试验，12 种植物生物量前后变化明显，净增生物量 1.81～35.48 g·pot^{-1}，12 种植株平均净增生物量为 16.52 g·pot^{-1}。一或二年生草本植物净增生物量为 19.32 g·pot^{-1}，乔木或灌木净生物量为 2.22 g·pot^{-1}。芦苇和美人蕉的净增生物量相对于其他植物增长明显，桑树和中华蚊母树的净增生物量较低。

试验前后植株生物量比值关系能够反映植株实际生长情况[14]。12 种植物生物量后前比值范围为 1.16～5.02，平均值为 2.84。一年生或二年生草本植物生物量前后比值为 3.13，乔木或灌木植物生物量后前比值为 1.20。可以看出，短时间内生长的一年生草本植物的生物量及生物量后前比值远大于灌木植物或木本植物。

表 6.2　植株生物量前后对比

植物名称	种植前生物量/(g·pot^{-1})	种植后生物量/(g·pot^{-1})	净增生物量/(g·pot^{-1})	种植后生物量/种植前生物量
菖蒲	6.24	18.81	12.57	3.02
水芹	2.67	9.94	7.27	3.72
美人蕉	11.79	39.47	27.68	3.34
铜钱草	4.32	21.26	17.03	5.02
花叶芦竹	10.24	34.21	23.97	3.34
莲	20.47	39.77	19.30	1.94
香蒲	30.44	27.67	27.23	1.89
芦苇	24.97	60.45	35.48	2.42
喜旱莲子草	4.21	7.65	3.44	1.81
千屈菜	5.62	25.47	19.85	4.83
中华蚊母树	3.41	5.26	1.81	1.54
桑树	16.71	19.37	2.63	1.16

不同植物对试验土 TN、TP 消减能力各不相同，试验土 TN、TP 含量越低，表示植物消减能力越强[15]。如表 6.3 所示，空白组试验土中 TN、TP 含量分别为 946.32 mg·kg^{-1}、952.47 mg·kg^{-1}，其值降低的主要原因是微生物作用[16]。90 d 后，12 组试验土 TP 含量范围为 496.14～748.45 mg·kg^{-1}，平均值为 628.83 mg·kg^{-1}；TN 含量范围为 393.39～693.56 mg·kg^{-1}，平均值为 589.17 mg·kg^{-1}。

表 6.3　消减后的试验土 TP、TN 含量

实验土	TP 含量/(mg·kg^{-1})	TN 含量/(mg·kg^{-1})
菖蒲试验土	693.30	573.28
水芹试验土	748.45	674.63
美人蕉试验土	496.14	393.39
铜钱草试验土	596.06	569.87
花叶芦竹试验土	744.93	667.44
莲试验土	658.44	593.91
香蒲试验土	578.91	648.51
芦苇试验土	517.19	544.23
喜旱莲子草试验土	551.77	558.90
千屈菜试验土	687.78	474.96
中华蚊母树试验土	598.06	677.36
桑树试验土	674.92	693.56
空白组试验土	952.47	946.32

植物对试验土中 TN、TP 的消减率可直接反映植物的消减效果。如表 6.4 所示，12 种植物 TP 消减率范围为 21.42%～47.91%，TP 平均消减率为 33.98%，一年生或二年生草本植物 TP 平均消减率为 34.14%，乔木或灌木植物 TP 平均消减率为 33.18%，TP 消减率顺序：美人蕉＞芦苇＞喜旱莲子草＞香蒲＞铜钱草＞中华蚊母树＞莲＞桑树＞千屈菜＞菖蒲＞花叶芦竹＞水芹。TN 消减率范围为 26.71%～58.43%，平均消减率为 37.74%，一年生或二年生草本植物 TN 平均消减率为 39.78%，乔木或灌木植物 TN 平均消减率为 27.57%，TN 消减率顺序：美人蕉＞千屈菜＞芦苇＞喜旱莲子草＞铜钱草＞菖蒲＞莲＞香蒲＞花叶芦竹＞水芹＞中华蚊母树＞桑树。12 种植物的综合消减率范围为 6.15%～27.99%，平均综合消减率为 13.24%，一年生或二年生草本植物平均综合消减率为 14.05%，乔木或灌木植物平均综合消减率为 9.91%，综合消减率顺序：美人蕉＞芦苇＞喜旱莲子草＞铜钱草＞千屈菜＞香蒲＞莲＞菖蒲＞中华蚊母树＞桑树＞花叶芦竹＞水芹。

表 6.4　植物消减率

植物名称	TP 消减率/%	TN 消减率/%	综合消减率/%
菖蒲	27.21	39.42	10.73
水芹	21.42	28.71	6.15
美人蕉	47.91	58.43	27.99
铜钱草	37.42	39.78	14.88
花叶芦竹	21.79	29.47	6.42
莲	30.87	37.24	11.49
香蒲	39.22	31.47	12.34
芦苇	45.70	42.49	19.42
喜旱莲子草	42.07	40.94	17.22

续表

植物名称	TP 消减率/%	TN 消减率/%	综合消减率/%
千屈菜	27.79	49.81	13.84
中华蚊母树	37.21	28.42	10.58
桑树	29.14	26.71	7.79

根据表 6.5 中消减评定指数对植被 TN、TP 消减率进行划分，可以直接筛选出消减效果好的植被。对 TP 消减的植物中莲、香蒲、芦苇、美人蕉、铜钱草、喜旱莲子草和中华蚊母树属于 V 级强消，菖蒲、桑树和千屈菜属于 IV 级消，水芹和花叶芦竹属于 III 级中消。对 TN 消减的植物中菖蒲、莲、香蒲、芦苇、千屈菜、美人蕉、铜钱草和喜旱莲子草属于 V 级强消，水芹、桑树、花叶芦竹和中华蚊母树属于 IV 级消。其中莲、香蒲、芦苇、美人蕉、铜钱草和喜旱莲子草对 TN、TP 的效果均属于 V 级强消，综合消减率较高。

表 6.5　综合消减评定指数

指标	消减率及消减等级				
	V 级强消 [30%~100%]	IV 级消 [25%~30%)	III 级中消 [20%~25%)	II 级弱消 [10%~20%)	I 级不消 [0~10%)
TP	莲 香蒲 芦苇 美人蕉 铜钱草 喜旱莲子草 中华蚊母树	菖蒲 桑树 千屈菜	水芹 花叶芦竹		
TN	菖蒲 莲 香蒲 芦苇 千屈菜 美人蕉 铜钱草 喜旱莲子草	水芹 桑树 花叶芦竹 中华蚊母树			

通过室内栽培试验，对植物生物量和土壤氮、磷消减率等指标进行分析，比较 12 种植物氮、磷消减能力，为磷控制工程提供更多植物选择与技术支持，结论如下。

（1）12 种植物生物量前后变化明显，净增生物量 1.81~35.48 g·pot^{-1}，平均净生物量为 16.52 g·pot^{-1}。12 种植物生物量后前比值范围为 1.16~5.02，平均值为 2.84，一年生或二年生草本植物生物量后前比值为 3.13，乔木或灌木植物为 1.20，短时间内生长的一年生或二年生草本植物生物量及生物量后前比值远大于灌木或木本植物。

（2）12 种植物 TP 消减率为 21.42%~47.91%，TP 平均消减率为 33.98%；TN 消减率

为 26.71%～58.43%，平均消减率为 37.74%。通过消减评定指数得出，莲、香蒲、芦苇、美人蕉、铜钱草和喜旱莲子草对 TN、TP 的消减效果均属于 V 级强消。

6.2　示范工程植物搭配

6.2.1　植物的筛选原则

1. 适生性原则

针对三峡库区冬蓄夏排、持续高水位的蓄水特点，水生植物的适生性是植物筛选的第一原则，水生植物的适生性主要有：耐淹性（6 个月以上的水淹）和周期性生长（物种能在低水位时生长，高水位时保证种源），因此，水生植物搭配选择应该首要考虑适生性原则[17]。

2. 消减性原则

在三峡库区进行植被修复主要是为了消减工农业产生的氮、磷等营养盐污染，所以在筛选植物时，植物对氮、磷营养盐的消减率是重要的参考指标，在植物搭配中应选取生物量大、去污效果好的植物[18]。

3. 经济性原则

三峡库区沿岸人口众多，需重点考虑生态效益与经济价值相结合的修复模式，选取一些经济作物及植被进行搭配种植，期望能够在治理三峡库区氮、磷营养盐等污染问题的同时，提高土地使用的经济价值，进而提高沿岸居民治理环境的积极性[19]。

4. 本土化原则

本土化植物是指经过长期的自然演替和选择，已融入本地的自然生态系统中，具有较强的适应性和抗逆性的植物[20]。

5. 多样性原则

为了能够构建一种稳定、可持续运行的生态防护系统，植被筛选过程中，应增加物种的多样性。例如，生态防护系统的构建要具有消除污染、综合景观和稳固改良土壤等多种功能[21]。

根据植物筛选原则，结合第 5 章室内试验的研究成果以及相关参考文献，主要筛选出 10 种植物：美人蕉、香附子（*Cyperus rotundus*）、莲（*Nelumbo nucifera*）、风车草（*Cyperus involucratus Rottboll*）、菖蒲、牛鞭草（*Hemarthria sibirica*）、香蒲、千屈菜、芦苇、水芹。

6.2.2　植物搭配设计

根据示范工程的实际需要，结合植物消减搭配的原则，共有 12 组植物搭配：①美人蕉＋千屈菜＋香蒲；②香蒲＋菖蒲；③美人蕉＋千屈菜；④莲＋香蒲；⑤美人蕉＋牛鞭草＋水芹；⑥美人蕉＋牛鞭草＋芦苇；⑦芦苇＋牛鞭草＋香蒲；⑧香蒲＋芦苇；⑨美人蕉＋牛鞭草；⑩美人蕉＋香附子；⑪风车草＋牛鞭草＋香蒲；⑫美人蕉＋风车草＋牛鞭草。如图 6.1 所示为部分植物搭配图。

图 6.1　香溪河库湾内源磷消减及控制示范工程植物搭配

6.3 示范工程设计

6.3.1 整体设计原则

（1）坚持与国民经济发展规划及地区总体规划相协调的原则。

（2）坚持在《湖北省环境保护十二五规划纲要》及《兴山县十二五环境保护规划》的指导下，根据流域发展情况采取统一规划、分期实施的原则，在香溪河陈家湾构建内源磷控制技术示范区，达到消减水体磷素，截留或减少底泥污染物（磷素）向水体的释放，降低内源对上覆水体的污染，从而控制香溪河库湾营养盐的目的，为该地区社会、经济和文化的可持续发展创造必要的基础条件。

（3）选用国内较为成熟、可靠、技术先进的处理工艺，治理效果达到或优于国家规定的水质标准。

（4）整治工程实施后，达到或优于国家规定的水质标准。

（5）对污染源的治理做到杜绝污染源头，不留后患。

（6）尽量采用当地施工技术，尽量利用当地材料，采取合理的工程治理措施。

（7）尽量做到工程投资省、处理效果好、占地面积少、管理维护方便，以达到环境效益和经济效益的统一。

6.3.2 工程选址原则

香溪河库湾内源磷控制技术示范工程主要通过构建高效富磷水生植物控磷区，实现工程区内源磷释放速率降低 15%的目标。工程选址时必须充分考虑工程的可行性和示范性，需遵循以下原则。

（1）典型示范原则。香溪河库湾内源磷控制技术示范工程需要选择具有代表性的内源磷污染流域和河段，突出典型示范意义，工程建设须优先考虑方案的推广应用可行性。

（2）集中示范原则。项目建设以内源磷释放控制为目标进行集中展示示范，选择的工程区需具有足够的空间，以满足项目各项建设规模需求。

（3）科学布局原则。项目建设要充分考虑项目建设地的地形、水文等特征，根据不同海拔及距离河面和道路的距离，做到因地制宜，合理布局，科学组织实施，同时在选址上要考虑工程建设的交通、电力、通信等基本保障条件。

（4）安全可靠原则。工程建设完成后要发挥其经济、生态和社会效益，必须具备较稳定的库岸和安全的施工作业环境。

结合工程选址原则及工程实际需要，选址香溪河流域的兴山县峡口镇高岚河库湾陈家湾地区（110°48'18.96"E，31°07'7.08"N）构建内源磷消减及控制技术示范工程，构建规模为 2500 m² 的高效富磷水生植物控磷区。

6.3.3　工程实体设计

内源磷消减及控制技术示范工程沿香溪河高岚河库湾陈家湾库岸建设，全长 175 m，海拔 145～175 m，其中海拔 155～175 m 的区域为高效富磷水生植物控磷区，总面积为 2500 m² （图 6.2）。公用配套工程包括群落配置小试实验池、生物隔离带、截洪沟、库岸边坡生态修复工程、施工和监测工作便道工程（图 6.3 和图 6.4）。

图 6.2　示范区总体布局图

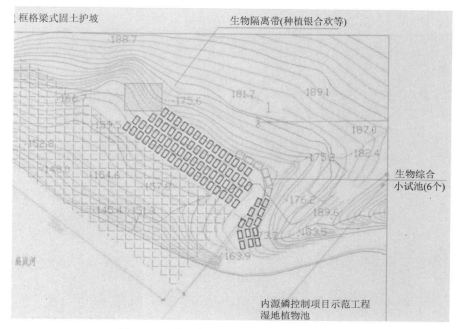

图 6.3　示范工程设计图（Ⅰ）（单位：m）

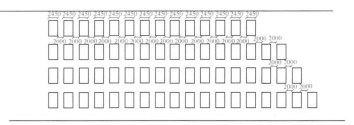

湿地植物池平面布置图

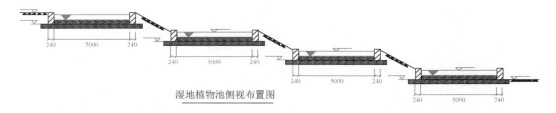

湿地植物池侧视布置图

图 6.4　示范工程设计图（Ⅱ）（单位：mm）

6.4　示范区建设

　　内源磷消减及控制技术示范建设工程包括群落配置小试实验池（图 6.5）、生物隔离带、截洪沟、库岸边坡生态修复工程、施工和监测工作便道工程。示范区建成群落配置小试实验池 8 个，水生植物种子小区 137 个，并种植富磷、固磷水生植物 20 余种共 20000 余株，示范区建设过程及施工前后对比如图 6.6 和图 6.7 所示。

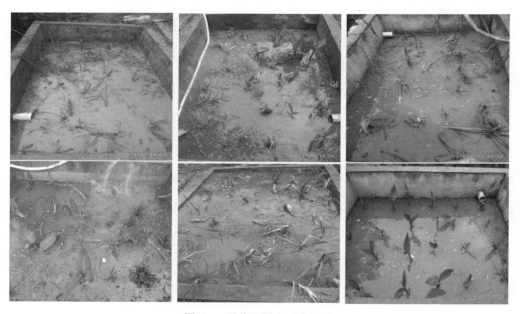

图 6.5　群落配置小试实验池

图 6.6　示范区施工过程

图 6.7　示范区施工前后对比

6.5　评 价 方 法

6.5.1　监测方案

内源磷消减及控制技术示范工程位于海拔 145～175 m 地区，内源磷释放主要集中在高水位期。因此，总共进行 12 次监测，即示范工程建设前的 11 月到次年 4 月（每月 1 次，共 6 次）、示范工程建成后的 11 月到次年 4 月（每月 1 次，共 6 次）（表 6.6）。

表 6.6　监测方案

测点编号	位置		监测指标	监测时段	监测频率	监测工作量	监测工作总量
	东经	北纬					
0601A	110°48.145	31°07.146	沉积物浸出磷含量	建设前后各6个月	1次/月	2个水体总磷	24个水体总磷
0602B	110°48.293	31°07.125	沉积物浸出磷含量	建设前后各6个月	1次/月	2个水体总磷	24个水体总磷

本工程采用多点采样方法，除了在水生植物控磷区设定监测点（0601A），还在控磷区以外设置对照区采样点（0602B），保证对示范效果进行真实评价。水生植物控磷区使用中对角线取样法，将 5 个点样品混合；对照区采样方法与水生植物控磷区采样方法一致。

同时，在工程建设中配套建设生物隔离带及截洪沟，以排除示范工程区库岸带面源磷污染干扰，并在库湾设置对照区，进行固定样点监测，以该区域表层底泥总磷释放量变异值校正因上游来水和下游回水水质变化等因素所产生的误差。

6.5.2　评价指标

在内源磷消减及控制技术示范工程建设前（11 月至次年 4 月）和示范工程建设后（11 月至次年 4 月）的每月中旬分别在高效富磷水生植物控磷区、对照区，用柱状采样器采集−5～0 cm 沉积物样品，分区混合样品，在实验室进行模拟浸出释放试验，采用钼酸铵分光光度法［（水质 总磷的测定 钼酸铵分光光度法）］（GB 11893—89）测定示范区建设前样品的浸泡前、浸泡后上覆水总磷含量 C_{A1}、C_{A2}，计算示范区建设前表层底泥总磷释放值 ΔC_A：

$$\Delta C_A = C_{A2} - C_{A1} \tag{6.4}$$

测定得到区建设示范后样品浸泡前、浸泡后水体总磷含量 C_{B1}、C_{B2}，计算示范前表层底泥总磷释放值 ΔC_B：

$$\Delta C_B = C_{B2} - C_{B1} \tag{6.5}$$

计算每个对应月份，高效富磷水生植物控磷区的磷释放控制率 K：

$$K = 1 - \Delta C_B/\Delta C_A \tag{6.6}$$

若 K 达到 15%，则示范工程达到项目预期；若小于 15%，则项目示范考核指标未达成。

6.5.3　评价结果

如表 6.7 所示，经过计算示范工程平均磷释放控制率达到 59.45%，已经远超过考核目标 15%，示范工程符合要求，此示范工程为三峡水库支流内源磷污染治理提供了新途径，为三峡库区水污染的治理提供了技术支撑。

表 6.7　磷释放控制率监测结果　　　（单位：mg·kg^{-1}）

测点编号	2015 年 11 月	2015 年 12 月	2016 年 1 月	2016 年 2 月	2016 年 3 月	2016 年 4 月
0601A	0.04	0.04	0.05	0.04	0.05	0.04
0602B	0.02	0.05	0.05	0.04	0.03	0.04
测点编号	2016 年 11 月	2016 年 12 月	2017 年 1 月	2017 年 2 月	2017 年 3 月	2017 年 4 月
0601A	0.04	0.02	0.05	0.04	0.05	0.03
0602B	0.01	0.01	0.02	0.02	0.01	0.02

6.6　本　章　小　结

本章利用室内栽培试验对植物生物量、土壤氮磷消减率等指标进行分析，12 种植物生物量前后变化明显，净增生物量为 0.81～35.48 g·pot^{-1}，平均净增生物量为 16.44 g·pot^{-1}。TP 消减率为 21.42%～45.70%，TP 平均消减率为 33.98%；TN 消减率为 26.71%～58.43%，平均消减率为 37.74%。通过消减评定指数得出，莲、香蒲、芦苇、美人蕉、铜钱草和喜旱莲子草对 TN、TP 的效果均属于 V 级强消。

采用植物修复技术，在香溪河流域的兴山县峡口镇高岚河库湾陈家湾区域建设示范工程，工程占地 2500 m^2，形成一个由沉积物至水体的立体控制体系，对内源磷的修复效果进行监测与评价。计算分析结果表明，示范工程平均磷释放控制率达到 59.45%，已经远超过考核目标 15%，示范工程符合要求，此示范工程为三峡水库支流内源磷污染治理提供了新途径，为三峡库区水污染的治理提供了技术支撑。

参 考 文 献

[1] Min W U, Sun X M, Huang S L，et al. Laboratory analyses of nutrient release processes from Haihe River sediment[J]. International Journal of Sediment Research, 2012, 27（1）: 61-72.

[2] 贾陈蓉，吴春芸，梁威，等. 污染底泥的原位钝化技术研究进展[J]. 环境科学与技术，2011, 34（7）: 118-122.

[3] 叶利升. 红土填料人工湿地异位净化河水技术研究[D]. 上海：上海交通大学，2013.

[4] 张垚磊，张义，夏世斌，等. 典型城市浅水湖泊沉积物磷原位物理化学控制技术[J]. 工业安全与环保，2015, 41（7）: 77-79.

[5] Salt D E，Blaylock M，Kumar N P，et al. Phytoremediation: a novel strategy for the removal of toxic metals from the environment

using plants[J]. Nature Biotechnology, 1995, 13 (5): 468-474.

[6]　吴春蕾, 丁朝阳, 吴志鹏. 探讨植物修复技术及其在环境污染中的应用[J]. 哈尔滨师范大学自然科学学报, 2017, 33 (1): 102-105.

[7]　Jin X D, He Y L, Kirumba G, et al. Phosphorus fractions and phosphate sorption-release characteristics of the sediment in the Yangtze River estuary reservoir[J]. Ecological Engineering, 2013, 55: 62-66.

[8]　Shen Z Y, Chen L, Ding X W, et al. Long-term variation (1960-2003) and causal factors of non-point-source nitrogen and phosphorus in the upper reach of the Yangtze River[J]. Journal of Hazardous Materials, 2013, 252-253: 45-56.

[9]　张锡辉. 水环境修复工程学原理与应用[M]. 北京: 化学工业出版社, 2002.

[10]　张彦浩, 黄理龙, 杨连宽, 等. 河道底泥重金属污染的原位修复技术[J]. 净水技术, 2016, 35 (1): 26-32.

[11]　Otto C R V, Forester D C, Snodgrass J W. Influences of wetland and landscape characteristics on the distribution of carpenter frogs[J]. Wetlands, 2007, 27 (2): 261-269.

[12]　吴健, 王敏, 吴建强, 等. 滨岸缓冲带植物群落优化配置试验研究[J]. 生态与农村环境学报, 2008, 24 (4): 42-45, 52.

[13]　戢小梅, 许林, 谢焰锋, 等. 水生植物对富营养化程度不同水体氮磷去除效果的研究[J]. 西南农业学报, 2015, 28 (2): 809-814.

[14]　王西娜, 王朝辉, 陈宝明, 等. 不同品种菠菜叶柄和叶片的硝态氮含量及其与植株生长的关系[J]. 植物营养与肥料学报, 2005, 11 (5): 675-681.

[15]　袁庆叶. 三峡水库消落带适生草本植物水淹条件下养分释放及氮磷消减效应[D]. 北京: 中国科学院大学, 2013.

[16]　邹万生, 刘良国, 张景来, 等. 固定化藻菌对珍珠蚌养殖废水中 TN 和 TP 去除效果的影响[J]. 环境污染与防治, 2011, 33 (3): 28-32, 57.

[17]　马利民, 唐燕萍, 张明, 等. 三峡库区消落区几种两栖植物的适生性评价[J]. 生态学报, 2009, 29 (4): 1885-1892.

[18]　徐丹. 再生水调蓄库塘植物群落与水体氮、磷削减关系的研究[D]. 北京: 华北电力大学, 2012.

[19]　杨华. 浅析人工湿地植物的选择原则[J]. 广东水利水电, 2010 (11): 101-102.

[20]　李娇. 不同基质配比对马铃薯微型薯氮磷钾吸收的影响[D]. 吉林: 吉林农业大学, 2017.

[21]　阎丽凤, 石险峰, 于立忠, 等. 沈阳地区河岸植被缓冲带对氮、磷的削减效果研究[J]. 中国生态农业学报, 2011, 19 (2): 403-408.

第7章　香溪河消落带植被多样性调查及对重金属的富集特征

三峡水库在蓄水水位到达 175 m 后，消落带中原先的陆地植物群落大量减少，并出现新的植物群落[1]，研究表明，建库前后，三峡库区内维管植物减少了 43%，木本植物减少了 64%[2]，仅有少量的乔灌木成体存活，出现 145 种新增植物，其中大部分为非群落优势种[3]。由于生存环境的改变，库区内植被的优势生活型也从多年生草本植物向一年生草本植物发生转变，区域内的优势植物群落随之改变。

香溪河流域在横向与纵向上有较大的跨度，流域内有大量的植物物种，植被群落的分布在垂直方向上具备显著的差异性。通过调查物种多样性，在了解植物与植物之间、植物与环境之间复杂关系的基础上，可进一步了解该区域内物种资源的丰富度[4-6]，因此，为了能更好地认识群落的组成、变化与发展趋势[7, 8]，通常使用物种多样性指标来对植物群落进行分析。物种重要度可作为评价群落中某物种地位的综合指标，由 Curtis 最早提出，通常的计算方法是取植物的相对密度、相对频度和相对优势度总和，可以反映其在群落中的结构组成、群落动态及物种在群落中所起到的作用[9-11]。

植物修复技术是如今研究最多的重金属修复技术[12]，是指通过植物从土壤中富集一种或多种重金属，随后收集植株进行集中处理，从而降低重金属在土壤中的含量[13]。该方法运行成本较低、便于操作、对土壤扰动小，无二次污染[14]，关键是要筛选出富集系数高的植物，目前国内发现了部分植物对重金属具有良好的富集能力，其中，鸭跖草和海州香薷对 Cu 有显著的富集作用[15, 16]，蜈蚣草与大叶井口边草是 As 的超富集植物[17, 18]，还有 Cd、Zn 的超富集植物东南景天、龙葵[19-21]，Cr 的超富集植物李氏禾[22]。香溪河流域在经过多次淹水后，植被特征发生变化，通过植被调查，了解实时优势植物物种，可为当地选择适生的植物进行重金属富集研究与相应的示范工程设计提供理论依据。

植被作为消落带生态循环系统中最重要的一个环节，为动物提供避所与食物的同时，对地质灾害、营养成分的循环利用以及污染物具有一定的缓冲与过滤作用，并对保持生物多样性具有积极作用[23, 24]。受三峡库区蓄水的影响，香溪河消落带植物群落特征随之发生变化，动植物的生存环境遭受不同程度的干扰和破坏[25, 26]。研究表明，在水位达到 175 m 后，三峡库区共有超过 500 种植物被直接淹没，在三峡库区死水位以下（145 m）的植被几乎全部死亡，三峡库区特有的植物群落巫溪叶底珠与荷叶铁线蕨的绝大部分的生存环境遭受破坏[27, 28]。

富集系数可以作为一种体现植物从土壤中转运重金属的效率的指数，学者经常使用富集系数来评价植物对重金属的修复能力。

本章以香溪河消落带为研究区域，采用重要值方法针对三峡库区香溪河消落带经过多次淹水后的植物群落进行调查，分析 145～185 m 范围内植物群落特征和物种多样性，采集部分香溪河优势物种测定其重金属含量，并通过室内盆栽实验研究植物对典型重金属的富集能力，以期为香溪河消落带区域内的植被保护、重金属的生态修复提供科学依据。

7.1 采样设计与实验方法

7.1.1 植被调查

根据三峡水库的水位变化，本书研究团队于 2017 年 8 月在香溪河消落带取谭家湾大桥、万古寺、三岔沟、向家坝以及八字门五个样点，划分 145 m、155 m、165 m、175 m、185 m 五个水位梯度进行调查，具体样点见表 7.1，在不同水位梯度带中随机挑选具备代表性的面积为 1 m² 的样方，每个水位梯度选取 3 个样方。记录所调查区域内植物的物种名、株数、基径、相对盖度、相对高度、相对密度，并采集植株回实验室待测。

表 7.1　研究区域及样点布位

样点名称	经度	纬度
谭家湾大桥	30°06′07″	110°47′10″
万古寺	31°01′01″	110°45′22″
向家坝	31°02′51″	110°42′52″
三岔沟	30°45′22″	110°27′58″
八字门	30°58′06″	110°45′32″

群落多样性采用物种丰富度指数、物种多样性指数、物种优势度指数来表示，其计算公式如下。

香农-维纳多样性指数：
$$H = -\sum P_i \ln P_i \tag{7.1}$$

辛普森指数：
$$D = \sum P_i^2 \tag{7.2}$$

玛格列夫丰富度指数：
$$R = (S-1)/\ln N \tag{7.3}$$

式中，P_i 为第 i 种物种占物种总数的比例；S 为样方内出现的物种数；N 为样方内出现的总物种数。

7.1.2 植物富集重金属特征调查

1. 野外植物富集重金属调查

为了进一步了解香溪河部分优势物种对重金属的富集作用，于采样点随机采取狗牙根、苍耳、鬼针草、狗尾草，带回实验室进行预处理并使用原子吸收分光光度计检测植物对于土壤中重金属的富集情况。

2. 优势物种富集重金属的室内控制实验

采用盆栽实验，于三峡大学植物园中选取长势大致相同的香溪河流域适生植物中华蚊母树、一年蓬，用四水硝酸镉配制 Cd 浓度为 0 mg·kg^{-1}、2 mg·kg^{-1}、5 mg·kg^{-1}、15 mg·kg^{-1}、30 mg·kg^{-1} 的溶液，每盆实验土壤 4 kg，实验土壤理化性质见表 7.2，各梯度设置 3 组平行，种植 90 d 后整株收获植物，用水洗净，沥干表面水分，将植株置于牛皮袋中，置于烘箱中以 105℃ 杀青，30 min 后将温度降低至 70℃，约 12 h 将样品烘干至恒重。将样品分部，粉碎，消解，使用火焰原子吸收分光光度计法测定重金属的含量。

富集系数（bioconcentration coefficient，BCF）计算公式为

$$BCF = 植株中重金属质量分数/土壤中重金属质量分数 \qquad (7.4)$$

表 7.2　实验土壤的理化性质

土壤质地	pH	有机质/(mg·kg^{-1})	TP/(mg·kg^{-1})	TN/(mg·kg^{-1})	Cd/(mg·kg^{-1})
普通黄土	7.21	279	445	316	0.40

7.2　结果与分析

7.2.1　植物种类组成

通过实地调查，香溪河消落带物种种类组成见表 7.3。共有植物 18 科 34 属 34 种，其中禾本科植物种类 9 种 9 属，菊科 4 种 4 属，大戟科 2 种 2 属，禾本科与菊科植物分别占本次植物调查总物种的 26.5% 和 11.8%，是该区的优势科，与付娟等[29]，王飞等[30] 的研究结果基本一致。

表 7.3　香溪河消落带物种种类组成

中文名	拉丁名	科	属
铁苋菜	*Acalypha australis* L.	大戟科	铁苋菜属
苘麻	*Abutilon theophrasti Medicus*	锦葵科	苘麻属
青葙	*Celosia argentea* L.	苋科	青葙属
地锦草	*Euphorbia humifusa* Willd.	叶下珠科	大戟属
叶下珠	*Phyllanthus urinaria* L.	大戟科	叶下珠属
合萌	*Aeschynomene indica* L.	豆科	合萌属
狗牙根	*Cynodon dactylon*（L.）Pers.	禾本科	狗牙根属
稗	*Echinochloa crus-galli*（L.）P. Beauv.	禾本科	稗属
狼尾草	*Pennisetum alopecuroides*（L.）Spreng.	禾本科	狼尾草属

续表

中文名	拉丁名	科	属
狗尾草	*Setaria viridis*（L.）Beauv.	禾本科	狗尾草属
野黍	*Eriochloa villosa*（Thunb.）Kunth	禾本科	野黍属
马唐	*Digitaria sanguinalis*（L.）Scop.	禾本科	马唐属
牛筋草	*Eleusine indica*（L.）Gaertn.	禾本科	穆属
荩草	*Arthraxon hispidus*（L.）Makino	禾本科	荩草属
高粱	*Sorghum bicolor*（L.）Moench	禾本科	高粱属
西瓜	*Citrullus lanatus*（Thunb.）Matsum. et Nakai	葫芦科	西瓜属
苍耳	*Xanthium strumarium* L.	菊科	苍耳属
鳢肠	*Eclipta prostata* L.	菊科	醴肠属
鬼针草	*Bidens pilosa* L.	菊科	鬼针草属
一年蓬	*Conyza canadensis*（L.）Cronq.	菊科	白酒草属
藜	*Chenopodium album* L.	藜科	藜属
伏毛蓼	*Persicaria pubescens*（Blume）H. Hara	蓼科	蓼属
酢浆草	*Oxalis corniculata* L.	酢浆草科	酢浆草属
杠柳	*Periploca sepium* Bunge	夹竹桃科	杠柳属
马齿苋	*Portulaca oleracea* L.	马齿苋科	马齿苋属
龙葵	*Solanum nigrum* L.	茄科	茄属
酸浆	*Physalis alkekengi* L.	茄科	酸浆属
葎草	*Humulus scandens*（Lour.）Merr.	大麻科	葎草属
香附子	*Cyperus rotundus* L.	莎草科	莎草属
反枝苋	*Amaranthus retroflexus* L.	苋科	苋属
喜旱莲子草	*Alternanthera philoxeroides*（Mart.）Griseb.	苋科	莲子草属
牵牛	*Ipomoea nil*（L.）Roth	旋花科	番薯属
雾水葛	*Pouzolzia zeylanica*（L.）Benn.	荨麻科	雾水葛属
鸭跖草	*Commelina communis* L.	鸭跖草科	鸭跖草属

7.2.2　植物生活型特征

　　根据《中国植物志》[31]对香溪河流域内植物的生活型进行区分，研究发现共有 5 种生活型，结果见表 7.4，一年生草本植物一共有 22 种，占统计总数的 64.71%；多年生草本植物共 7 种，占统计总数的 20.59%；一年或两年生草本植物 2 种，占统计总数的 5.88%；灌木植物 2 种，占统计总数的 5.88%；藤本植物 1 种，占统计总数的 2.94%。一年生草本植物为优势物种，可能是由于库区周期性的淹水-落干无法为需长时间完成整个生命周期的多年生草本植物提供必需的生存环境，而一年生草本植物仅需要很短时间就可以完成生长，第二年残留在土壤中的种子可开始新的生命周期[32]。

表 7.4　香溪河消落带植物的生活型

生活型	种数	百分比/%
一年生草本	22	64.71
一年或两年生草本	2	5.88
多年生草本	7	20.59
藤本	1	2.94
灌木	2	5.88
合计	34	100

7.2.3　物种重要度

本节计算物种重要度，结果见表 7.5，狗尾草、狗牙根、稗、苍耳 4 种植物在研究区域中有较高的重要度。植物按不同的海拔差异较为显著，底部区域大面积生长着狗牙根，中部区域物种较多但数目较少，主要有荩草、鬼针草、马唐、稗、伏毛蓼等，其中稗在研究区域内呈现带状分布，上部区域植物种类和数目相对较多。

表 7.5　香溪河消落带物种重要度和分布区域

中文名	重要值	消落带分布区域
狗尾草	0.398	中上部区域
狗牙根	0.395	底部、中部区域
稗	0.369	沿消落带均有
苍耳	0.303	底部、中部区域
荩草	0.215	中部区域
香附子	0.214	底部、中部区域
一年蓬	0.189	中上部区域
藜	0.185	上部区域
野黍	0.174	中上部区域
鬼针草	0.157	中上部区域
鳢肠	0.141	底部、中部区域
青葙	0.138	上部区域
狼尾草	0.130	中部区域
葎草	0.111	上部少量
苘麻	0.107	底部、中部区域
伏毛蓼	0.107	中部区域
鸭跖草	0.092	上部少量
龙葵	0.089	底部少量
牵牛	0.081	上部少量
雾水葛	0.079	上部少量
马唐	0.071	中上部区域

中文名	重要值	消落带分布区域
铁苋菜	0.065	上部区域
西瓜	0.062	上部少量
高粱	0.061	上部少量
杠柳	0.060	中部少量
合萌	0.059	底部少量
喜旱莲子草	0.058	底部区域，数量较少
反枝苋	0.057	底部区域
酸浆	0.055	中部少量
牛筋草	0.045	上部少量
地锦草	0.045	上部少量
叶下珠	0.034	中上部区域
酢浆草	0.026	数量稀少
马齿苋	0.021	底部区域

7.2.4　植物多样性

通过计算植物多样性指数，从图 7.1 中可以看出，香农-维纳多样性指数与海拔呈正相关关系，但物种的辛普森优势度指数与海拔呈负相关关系，说明随海拔不断提升，香溪河流域内植物种类增加，生态系统的稳定性也得到了加强，在低海拔区域，土壤在水体中的时间较长，严重地影响植物的生存，因此低海拔区域生态系统的稳定性较差。

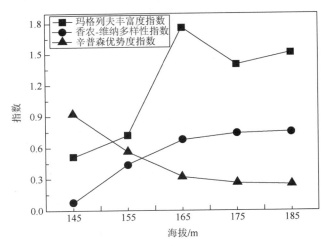

图 7.1　香溪河消落带植物多样性沿海拔分布图

玛格列夫丰富度指数在海拔 165 m 左右达到最大，可能是因为在消落带中间段的土壤中水分含量正好适合植物的生长，165 m 以上区域受到水淹时间较短，土壤中的水分相对少于低海拔区域，周边多为农业用地及道路，受到周围居民影响，导致其丰富度下降。

7.2.5　植物对重金属的富集特征

1. 消落带优势植物富集重金属特征

测定从野外采集回来的植物样品中重金属含量,计算其富集情况,具体结果见表 7.6。从平均值情况来看,富集 Pb 能力排序为苍耳>狗尾草>鬼针草>狗牙根;富集 Cu 能力排序为苍耳>鬼针草>狗尾草>狗牙根;富集 Cd 能力排序为鬼针草>狗尾草>狗牙根>苍耳;富集 Cr 能力排序为苍耳>狗尾草>鬼针草>狗牙根,分析植物中重金属的变异系数,基本上 CV>0.30,随环境变化很大,说明富集的过程有一定的不确定性。

表 7.6　香溪河库岸带部分优势物种富集重金属结果

植物	指标	Pb	Cu	Cd	Cr
苍耳	Mean±SD/CV	4.31±3.39/0.79	20.29±8.47/0.42	0.20±0.14/0.7	6.93±5.63/0.81
	Min~Max	1.18~15.74	13.41~49.28	0.06~0.59	2.25~26.42
	BCF	0.15（0.04~0.55）	0.58（0.32~1.37）	0.26（0.06~1.07）	0.10（0.03~0.41）
狗牙根	Mean±SD/CV	1.29±1.35/1.05	9.68±3.81/0.39	0.29±0.30/1.03	4.99±1.76/0.35
	Min~Max	0.10~3.53	5.61~17.10	0.04~0.73	2.32~7.29
	BCF	0.03（0.01~0.09）	0.26（0.15~0.46）	0.61（0.08~1.77）	0.07（0.02~0.12）
狗尾草	Mean±SD/CV	4.05±2.24/0.55	14.05±7.04/0.50	0.37±0.15/0.41	6.01±2.05/0.34
	Min~Max	1.58~8.35	4.24~23.22	0.14~0.59	3.84~9.82
	BCF	0.14（0.04~0.29）	0.39（0.12~0.65）	0.52（0.11~1.37）	0.08（0.04~0.15）
鬼针草	Mean±SD/CV	3.40±2.58/0.76	17.57±9.31/0.53	1.20±1.50/1.25	5.68±2.82/0.50
	Min~Max	0.65~8.70	2.12~32.85	0.05~4.75	2.13~10.59
	BCF	0.10（0.02~0.31）	0.49（0.06~0.86）	2.17（0.47~7.23）	0.07（0.02~0.14）

注:Mean±SD 和 Min~Max 单位为 mg·kg^{-1};CV 和 BCF 无单位。

通过分析同一种植物对不同金属的富集系数（BCF）,结果发现苍耳富集 4 种重金属的排序情况为 $BCF_{Cu}>BCF_{Cd}>BCF_{Pb}>BCF_{Cr}$;狗牙根富集 4 种重金属的排序情况为 $BCF_{Cd}>BCF_{Cu}>BCF_{Cr}>BCF_{Pb}$;狗尾草富集 4 种重金属的排序情况为 $BCF_{Cd}>BCF_{Cu}>BCF_{Pb}>BCF_{Cr}$;鬼针草富集 4 种重金属的排序情况为 $BCF_{Cd}>BCF_{Cu}>BCF_{Pb}>BCF_{Cr}$。从具体数值来看,鬼针草相比于其余三种植物对金属 Cd 的富集最强,平均值高达 2.17,狗尾草、狗牙根对于金属 Cd 的富集也是较强的,分别为 0.52、0.61,最低的苍耳富集系数也有 0.20,可能主要与土壤中金属 Cd 的形态有关,在所有 4 种金属中,金属 Cd 的可交换态比例是最高的,而这一形态最容易被植物吸收利用[33],也体现了人为因素及对生物毒性作用[34]。苍耳和鬼针草对于重金属 Cu 的富集相对较强,BCF 分别为 0.58、0.49,苍耳的部分样点富集系数达到了最高（1.37）,狗牙根和狗尾草对于 Cu 的富集系数略低,分别为 0.26、0.39,这跟土壤中 Cu 的活性比例高是分不开的,而且 Cu 在植物生长过程中不可或缺[35, 36]。重金属 Pb 虽然活性比例是最高的，但在植物中的富集却是很低的，可能主要与 Pb 的性质相关，也与土壤中 Pb 的活性态主要是 Fe-Mn 氧化物结合态和有机结合态有关[37, 38]，重金属 Cr 在土壤中的形态主要以残渣态为主，活性比例很小，在植物中的富集系数都低于 0.10。

2. 消落带优势植物富集重金属能力分析

为研究植物对重金属 Cd 的富集情况，选取香溪河消落带适生灌木植物（中华蚊母树）与草本植物（一年蓬），培育植物 90 d 后对样品按上述方法进行处理，结果如下，中华蚊母树在 Cd 胁迫 90 d 之后，茎、叶、根在各实验组的 Cd 含量见表 7.7，相比于空白组变化显著（$p < 0.05$），在 Cd 含量为 5 mg·kg^{-1} 时，茎、叶的 Cd 含量已经达到最小（13.71 mg·kg^{-1}），随着含量的增加，茎、叶中 Cd 含量大致相同；根的吸附量随着 Cd 含量的增加呈正相关关系（$y = 1.87x + 10.6$，$R^2 = 0.92$），在 Cd 含量为 30 mg·kg^{-1} 时，根的吸附量达到 63.20 mg·kg^{-1}。

表 7.7　中华蚊母树各部位的 Cd 含量与富集系数

Cd 含量/(mg·kg^{-1})	根部 Cd 含量/(mg·kg^{-1})	茎部 Cd 含量/(mg·kg^{-1})	叶部 Cd 含量/(mg·kg^{-1})	根部 BCF	茎部 BCF	叶部 BCF
0	1.41±0.87e	3.36±0.5b	1.83±0.54b	—	—	—
2	15.65±0.54a	15.30±0.64a	15.78±0.65a	8.15a	7.44a	8.06a
5	25.31±0.87c	14.74±0.54a	13.71±0.45a	5.06b	2.95b	2.74b
15	45.64±0.88b	15.03±0.98a	16.63±0.51a	3.04c	1.00c	1.11c
30	63.20±0.91d	17.62±0.78a	13.86±0.67a	2.07d	0.59c	0.46c

注：不同小写字母代表不同处理组显著性差异（$p < 0.05$）。

中华蚊母树的茎、叶、根的富集系数（BCF）随着 Cd 含量增加而显著降低（$p < 0.05$），茎、叶、根的 BCF 在 Cd 含量为 2 mg·kg^{-1} 时均为最大（7.44、8.06、8.15），植物随 Cd 浓度增加，茎、叶的富集系数差别不大，根的富集系数大于茎、叶。在中低含量时中华蚊母树各部位的 BCF 值均大于 1，说明中华蚊母树对土壤中的 Cd 具有较强的吸附能力。

在 Cd 胁迫 90 天后，实验测得一年蓬地上部与地下部的 Cd 含量如表 7.8 所示，各组间的地上部与地下部的 Cd 含量差异性显著（$p < 0.05$），随 Cd 含量的增加，地上部和地下部的 Cd 吸附量分别呈线性增长（$y = 0.75x + 4.92$，$R^2 = 0.986$；$y = 2x + 3.12$，$R^2 = 0.998$），除 Cd 含量为 0 mg·kg^{-1} 外，同一梯度的地下部 Cd 含量大于地上部，且 Cd 含量越高，各部位的 Cd 含量差异性也越大。一年蓬地下部的富集系数（BCF）在不同梯度之间变化显著（$p < 0.05$），在 Cd 含量为 2 mg·kg^{-1} 时 BCF 最大为 4.02，随 Cd 含量的增加，BCF 显著降低，最低值大于 2；地上部的 BCF 变化趋势与地下部相同，在 Cd 含量为 2 mg·kg^{-1} 时最大为 3.47，在 Cd 含量为 30 mg·kg^{-1} 时最低，为 0.9，说明土壤中 Cd 污染为 2～5 mg·kg^{-1} 时，一年蓬属于超富集的植物。

表 7.8　一年蓬各部位的 Cd 含量与富集系数

Cd 含量/(mg·kg⁻¹)	地下部 Cd 含量 /(mg·kg⁻¹)	地上部 Cd 含量 /(mg·kg⁻¹)	地上部 BCF	地下部 BCF
0	3.13±0.23a	3.69±0.32a	—	—
2	8.03±0.76b	6.93±0.45b	3.47a	4.02a
5	14.24±1.11c	9.65±0.77c	1.93b	2.85b
15	31.84±1.98d	18.29±1.98c	1.22c	2.12c
30	64.15±1.87e	26.95±1.79d	0.9d	2.14c

注：不同小写字母代表不同处理组显著性差异（$p < 0.05$）。

中华蚊母树与一年蓬对土壤中 Cd 具有较强的富集能力，可针对香溪河流域中 Cd 污染的实际情况为其重金属修复提供植物选择。

7.3　本章小结

（1）调查共记录植物 18 科 34 属 34 种，其中禾本科植物 9 种 9 属、菊科 4 种 4 属，1 属 1 种的草本植物占绝大多数。

（2）调查发现 5 种生活型，一年生草本植物占绝对优势；狗尾草、狗牙根、苍耳、稗是香溪河消落带优势种。香溪河植物物种香农-维纳多样性指数随着海拔的升高而增大，但物种的辛普森优势度指数随着海拔的升高而减小，玛格列夫丰富度指数在海拔 165 m 左右达到最大。

（3）野外调查发现，苍耳对 Cu、Cr、Pb 的富集能力强于其余 3 种植物，鬼针草对 Cd 有较强的富集能力，达到了 2.17。室内盆栽实验发现中华蚊母树与一年蓬对土壤中 Cd 具有较强的富集能力。

参 考 文 献

[1] Zhang Z Y，Wan C Y，Zheng Z W，et al. Plant community characteristics and their responses to environmental factors in the water level fluctuation zone of the Three Gorges Reservoir in China[J]. Environmental Science and Pollution Research，2013，20（10）：7080-7091.

[2] Yang F，Liu W W，Wang J，et al. Riparian vegetation's responses to the new hydrological regimes from the Three Groges Project：clues to revegetation in reservoir water-level-fluctuation zone[J]. Acta Ecologica Sinica，2012，32（2）：89-98.

[3] 卢志军，李连发，黄汉东，等. 三峡水库蓄水对消涨带植被的初步影响[J]. 武汉植物学研究，2010，28（3）：303-314.

[4] 董世魁，汤琳，张相锋，等. 高寒草地植物物种多样性与功能多样性的关系[J]. 生态学报，2017，37（5）：1472-1483.

[5] 何芳兰，金红喜，郭春秀，等. 民勤绿洲边缘人工梭梭（*Haloxylon ammodendron*）林衰败过程中植被组成动态及群落相似性[J]. 中国沙漠，2017，37（6）：1135-1141.

[6] 曹梦，潘萍，欧阳勋志，等. 飞播马尾松林林下植被组成、多样性及其与环境因子的关系[J]. 生态学杂志，2018，37（1）：1-8.

[7] 郭正刚，刘慧霞，孙学刚，等. 白龙江上游地区森林植物群落种多样性的研究[J]. 植物生态学报，2003，27（3）：388-395.

[8] 周本智，傅懋毅，李正才，等. 浙西北天然次生林群落物种多样性研究[J]. 林业科学研究，2005，18（4）：406-411.

[9] 卢爱英，张先平，王世裕，等. 干扰对云顶山亚高山草甸群落物种多样性的影响[J]. 植物研究，2011，31（1）：73-78.

[10] Curtis J T, Mcintoshr R P. An upland forest continuum in the Prairie-forest border region of Wisconsin[J]. Ecology, 1951, 32 (3): 476-496.

[11] 陈春娣, 吴胜军, Meurk C D, 等. 三峡库区新生城市湖泊岸带初冬植物群落构成及多样性初步研究——以开县汉丰湖为例[J]. 湿地科学, 2014, 12 (2): 197-203.

[12] Marques A P G C, Rangel A O S S, Castro P M L. Remediation of heavy metal contaminated soils: phytoremediation as a potentially promising clean-up technology[J]. Critical Reviews in Environmental Scicence and Technology, 2009, 39 (8): 622-654.

[13] 聂亚平, 王晓维, 万进荣, 等. 几种重金属 (Pb、Zn、Cd、Cu) 的超富集植物种类及增强植物修复措施研究进展[J]. 生态科学, 2016, 35 (2): 174-182.

[14] 郭世财, 杨文权. 重金属污染土壤的植物修复技术研究进展[J]. 西北林学院学报, 2015, 30 (6): 81-87.

[15] Yang M J, Yang X E, Romheld V. Growth and nutrient composition of Elsholtzia splendens Nakai under copper toxicity[J]. Journal of Plant Nutrition, 2002, 25 (7): 1359-1375.

[16] 廖斌, 邓冬梅, 杨兵, 等. 鸭跖草 (Commelina communis) 对铜的耐性和积累研究[J]. 环境科学学报, 2003, 23 (6): 797-801.

[17] 陈同斌, 韦朝阳, 黄泽春, 等. 砷超富集植物蜈蚣草及其对砷的富集特征[J]. 科学通报, 2002, 47 (3): 207-210.

[18] 韦朝阳, 陈同斌, 黄泽春, 等. 大叶井口边草——一种新发现的富集砷的植物[J]. 生态学报, 2002, 22 (5): 777-778.

[19] 杨肖娥, 龙新宪, 倪吾钟, 等. 东南景天 (Sedum alfredi H) ——一种新的锌超积累植物[J]. 科学通报, 2002, 47 (13): 1003-1006.

[20] Yang X E, Long X X, Ye H B, et al. Cadmium tolerance and hyperaccumulation in a new Zn-hyperaccumulating plant species (Sedum alfredii Hance) [J]. Plant and Soil, 2004, 259 (1-2): 181-189.

[21] 魏树和, 周启星, 王新, 等. 一种新发现的镉超积累植物龙葵 (Solanum nigrum L) [J]. 科学通报, 2004, 49 (24): 2568-2573.

[22] 张学洪, 罗亚平, 黄海涛, 等. 一种新发现的湿生铬超积累植物——李氏禾 (Leersia hexandra Swartz) [J]. 生态学报, 2006, 26 (3): 950-953.

[23] 张光富, 陈会艳, 陈瑞冰, 等. 南京近郊自然湿地维管植物群落特征[J]. 生态学杂志, 2007, 26 (2): 145-150.

[24] 谭淑端, 王勇, 张全发, 等. 三峡水库消落带生态环境问题及综合防治[J]. 长江流域资源与环境, 2008, 17 (S1): 101-105.

[25] Li F Q, Cai Q H, Fu X C, et al. Construction of habitat suitability models (HSMs) for benthic macroinvertebrate and their applications to instream environmental flows: A case study in Xiangxi River of Three Gorges Reservior region, China[J]. Progress in Natural Science: Materials International, 2009, 19 (3): 359-367.

[26] 宣勇, 王兴玲, 屈晓辉, 等. 三峡工程对库区重庆段钉螺生长条件影响研究[J]. 中国血吸虫病防治杂志, 2012, 24 (2): 142-145.

[27] 王勇, 刘义飞, 刘松柏, 等. 中国水柏枝属植物的地理分布、濒危状况及其保育策略[J]. 武汉植物学研究, 2006, 24 (5): 455-463.

[28] 王勇, 刘义飞, 刘松柏, 等. 三峡库区消涨带特有濒危植物丰都车前 Plantago fengdouensis 的迁地保护[J]. 武汉植物学研究, 2006, 24 (6): 574-578.

[29] 付娟, 李晓玲, 戴泽龙, 等. 三峡库区香溪河消落带植物群落构成及物种多样性[J]. 武汉大学学报 (理学版), 2015, 61 (3): 285-290.

[30] 王飞, 熊俊, 胥涛, 等. 香溪河库岸植物群落及分布特点调查[J]. 绿色科技, 2014, 16 (1): 88-91.

[31] 中国科学院中国植物志编辑委员会. 中国植物志[M]. 北京: 科学出版社, 2004.

[32] 王业春, 雷波, 张晟. 三峡库区消落带不同水位高程植被和土壤特征差异[J]. 湖泊科学, 2012, 24 (2): 206-212.

[33] 丁振华, 刘金铃, 李柳强, 等. 中国主要红树植物中汞含量特征与沉积物汞形态之间的关系[J]. 环境科学, 2010, 31 (9): 2234-2239.

[34] 王敏, 唐景春, 朱文英, 等. 大沽排污河生态修复河道水质综合评价及生物毒性影响[J]. 生态学报, 2012, 32 (14): 4535-4543.

[35] 余顺慧, 黄怡民, 潘杰, 等. 铜胁迫对 2 种三峡库区消落带适生植物生长及铜积累的影响[J]. 西南农业学报, 2014,

27（3）：1196-1201.

[36] 黄五星，高境清，黄宇，等. 商陆对镉锌铜胁迫的生理响应与金属积累特性[J]. 环境科学与技术，2010, 33（1）：77-79.

[37] 高瑞丽，朱俊，汤帆，等. 水稻秸秆生物炭对镉、铅复合污染土壤中重金属形态转化的短期影响[J]. 环境科学学报，2016, 36（1）：251-256.

[38] 徐洁，侯万国，台培东，等. 东北污灌区草甸棕壤吸附重金属铅的形态分布及解吸行为[J]. 环境化学，2010, 29（2）：210-214.